Le Climat : jeu dangereux

Jean JOUZEL
Anne DEBROISE

Le Climat : jeu dangereux

Quelques prévisions pour les siècles à venir

Deuxième tirage corrigé

DUNOD

Dans la même collection

Matière noire et autres cachotteries de l'Univers,
Alain Bouquet et Emmanuel Monnier

Quand meurent les neurones,
William Camu et Nicolas Chevassus-au-Louis

Plus vite que la lumière,
João Magueijo

Planète rouge : Mars, mythes et explorations
Francis Rocard

Photographie de couverture : Digital Vision et Valérie Roche

ISBN 2 10 006963 2

Table des matières

Nous dédions ce livre à la mémoire
de Gérard Mégie, Président du CNRS.

Fondateur de l'institut Pierre Simon Laplace,
Gérard a su donner un grand rayonnement aux Sciences
du Climat et de l'Environnement. Merci Gérard pour tout
ce que tu nous as apporté et pour ton indéfectible amitié.

Introduction

Souvenez-vous de l'été 2003. La chaleur suffocante. Les nuits difficiles. Les pics de pollutions. Près de quinze mille décès supplémentaires en France. Les feux de forêt dévastateurs et meurtriers dans le Sud de l'Europe et au Canada. Les vagues de chaleur ont duré 2 mois, et laissé un souvenir au minimum pénible à la plupart d'entre nous. Pour la France, elles ont fait de l'année 2003 la plus chaude depuis le début des relevés météorologiques. Les températures de l'été 2003 ont surpassé de 4 °C celles de la période 1900-2003 et de 2 °C celle de l'été 1976. Si nous n'y prenons garde, ces vagues de chaleur deviendront presque systématiques en France, l'été, dans 50 ans.

Délire de météorologue paranoïaque ? Hélas, non. Ce qui n'était il y a 15 ans qu'une probabilité est devenu certitude. Derrière la variabilité extrême des données climatiques d'un jour à l'autre, d'une année à l'autre, se dessine aujourd'hui une tendance très nette au réchauffement. Certains chiffres font l'unanimité chez les chercheurs en climatologie. La température moyenne du globe a augmenté de 0,6 °C depuis le début du XXe siècle. Ce faible chiffre ne doit pas faire illusion. Les moyennes globales ne disent pas grand-chose des variations qu'elles impliquent localement. Entre la période la plus froide de la dernière glaciation que notre planète a connue (il y a – 20 000 ans) et la période actuelle, la moyenne globale affiche un écart de température d'à peine 4 à 6 °C ! Dès lors, les chiffres avancés par la plupart des experts font peur. D'ici la fin du siècle, la température moyenne globale devrait grimper d'au moins 1,5 °C, et il n'est pas exclu qu'elle atteigne près de 6 °C. Les régions « où il fait bon vivre » se réduiraient alors comme peau de chagrin.

Parce qu'ils inquiètent, les chiffres sont remis en cause. La réaction est naturelle : on préférerait ne pas y croire. D'où sortent-ils ? Du résumé des travaux du GIEC, le Groupe d'experts Intergouvernemental sur l'Évolution du Climat (en anglais IPCC : *Intergovernmental Panel on Climate Change*). Cette organisation mérite qu'on l'écoute. Composée de centaines de chercheurs issus de toutes les régions du monde, elle compile depuis 1988 toutes les données scientifiques sur le sujet. Et effectue des synthèses approuvées par tous ses membres. Mécontente des conclusions du GIEC, l'administration Bush avait demandé en 2001 à l'Académie des Sciences américaine un contre-rapport GIEC. Parmi les scientifiques auditionnés figuraient des opposants notoires à toute position alarmiste. On peut penser qu'ils ont essayé de chercher la moindre faille dans les conclusions du GIEC. Peine perdue ! Les conclusions de l'Académie des Sciences sont nettes. Elles reconnaissent le « travail de synthèse admirable » du GIEC, et précisent que le groupe d'experts est « effectivement représentatif de la communauté scientifique ».

Pour asseoir leur diagnostic, les scientifiques dont les travaux sont résumés au sein du GIEC utilisent des données précieuses : entre autres celles déduites de la connaissance des climats passés. Depuis sa formation, notre planète a en effet connu une multitude de climats différents. Longues périodes brûlantes, épisodes de grande glaciation qui la faisaient ressembler à une énorme boule de neige, puis, plus récemment, succession de périodes glaciaires moins sévères et de périodes interglaciaires douces. La connaissance de ces variations a permis de commencer à comprendre comment fonctionne la machine nommée climat. Il est possible aujourd'hui, grâce à des représentations abstraites des climats, regroupées sous le nom de modèles climatiques, de reproduire correctement les grands traits des climats anciens. Mais surtout, ces modèles simulent remarquablement les caractéristiques du climat actuel et se sont avérés capables de rendre compte du réchauffement observé au cours du XXe siècle. Cette perspicacité donne à leurs prévisions à long terme un poids certain.

Certes, et nous en ferons part au fil de ces pages, de nombreuses incertitudes subsistent. Les données du passé sont entachées d'approximations, les mécanismes qui régulent le climat sont encore mal compris, et l'on hésite encore souvent à attribuer un rôle exact à de nombreux paramètres. Il est aussi possible que ces modèles oublient un mécanisme aujourd'hui peu actif, mais qui deviendra prépondérant quand les conditions auront changé ; en tout état de cause l'amplitude du réchauffement ne peut, en l'état actuel de nos connaissances, être prédite de façon précise. Et l'on ne peut pas exclure qu'un retournement de situation inattendu, une « surprise climatique », tempère ce réchauffement et nous évite d'avoir à prendre nos responsabilités vis-à-vis des habitants de la planète moins chanceux, et de nos propres descendants.

Responsabilités ? Aujourd'hui, la plupart des polémiques ne portent pas sur le réchauffement actuel, mais sur la responsabilité de l'Homme. La question est d'importance. Si l'Homme n'est pas (ou peu) responsable de ce réchauffement, il est improbable qu'il puisse en modifier le cours. Il ne resterait plus alors qu'à espérer que, comme cela a pu se produire dans le passé, un rééquilibrage naturel encore mal évalué stabilise le climat. Mais si, comme des études scientifiques nombreuses le suggèrent, c'est bien l'Homme qui induit une modification du climat d'une rapidité et d'une intensité inédite, il y a du pain sur la planche.

Les coupables les plus en vue du réchauffement climatique sont les gaz à effet de serre, émis en quantités de plus en plus importantes par les activités humaines dans nos pays occidentaux. L'effort à faire pour en stabiliser les émissions est énorme. Il implique un changement radical de l'organisation de nos sociétés et de notre comportement individuel. Lorsque les scientifiques ont pris conscience du problème, les gouvernements ont aussitôt réagi. Après le second rapport du GIEC, publié en 1995, le protocole de Kyoto a été rédigé en 1997. Ce protocole définit des objectifs de maîtrise des émissions de gaz à effet de serre pour les pays développés. Hélas, le plus gros producteur de ces gaz, les États-Unis, refuse pour l'heure de le ratifier et la Russie risque de lui emboîter le pas.

Que contiennent exactement les rapports du GIEC ? Les prédictions alarmistes doivent-elles être prises au sérieux ? Quels sont les arguments des sceptiques ? Ce livre tente de répondre à toutes ces questions. Il fait la part belle aux données du passé qui sont un élément important de la compréhension du fonctionnement de la machine climatique et qui fournissent de nombreuses informations pertinentes vis-à-vis de l'évolution future de notre climat. Notre objectif est que, par cette lecture, chacun puisse se faire une opinion, prendre conscience de l'urgence d'une action collective, et influencer les choix politiques qui doivent être effectués au plus vite. Et que chacun, individuellement, décide d'adopter un mode de vie qui permettra à nos petits-enfants de vivre sous un climat supportable.

Partie I

Les climats passés parlent de l'avenir

Chapitre 1
Les débuts de la climatologie : bonnes idées et grosses surprises

La climatologie est une science gourmande. Dès ses premiers balbutiements, au XIXe siècle, elle s'est trouvée limitée par ses besoins gargantuesques en mesures. Les savants de l'époque devaient faire face à une situation déroutante : des théories expliquant les variations climatiques étaient avancées, toutes apparemment aussi sérieuses les unes que les autres. Mais pas moyen d'y mettre bon ordre en les confrontant à l'expérience. Nous savons aujourd'hui que la majorité des mécanismes avancés étaient pertinents.

Un globe sous une serre

Le savant genevois Horace Bénédict de Saussure (1740-1799) avait conçu une drôle d'invention. Il s'agissait d'une boîte tapissée de liège noir. L'un des côtés était fermé par trois vitres coulissantes. La boîte contenait un thermomètre et avait été baptisée héliothermomètre. Dans les années 1770, le naturaliste promenait son étrange boîte dans les vallées et sur les sommets des Alpes. Il était fier d'avoir pu y mesurer une température maximale de 109,6 °C.

Cinquante ans plus tard, le physicien français Joseph Fourier cite cette expérience dans son ouvrage *Remarques générales sur les températures du globe terrestre et des espaces planétaires*. Il compare la Terre et son atmosphère à l'héliothermomètre de Saussure. Pour lui, le rayonnement solaire pénètre facilement l'atmosphère. En atteignant le sol, il le chauffe. Le sol chauffé émet des infrarouges vers l'atmosphère. Mais celle-ci, comme une vitre, renvoie une partie de ce rayonnement particulier vers la Terre, ce qui contribue alors à un réchauffement supplémentaire. Le principe de l'effet de serre est posé.

Les inégales fortunes de Joseph Fourier (1768-1830)

Être scientifique en pleine tourmente révolutionnaire n'était pas de tout repos, comme en témoigne la vie de Joseph Fourier. Né dans une famille pauvre, à Auxerre, il est resté longtemps inconnu des milieux scientifiques parisiens. Ses premiers travaux mathématiques, qui plus tard lui vaudront la célébrité, parviennent à l'Académie en… 1789. Ils susciteront, en pleine Révolution, bien peu d'intérêt. Il part alors suivre les cours de l'École Normale, où il rencontre de grands scientifiques tels que Monge, Laplace, Lagrange. En 1798 il rejoint l'Égypte avec le corps expéditionnaire de Napoléon. Sa fortune va et vient en fonction des situations politiques. Ami de Napoléon, tour à tour administrateur de l'Égypte, professeur de mathématiques, prisonnier politique, policier, préfet de l'Isère et du Rhône, baron, paria, il finit par être nommé à l'Académie des Sciences en 1817, après avoir essuyé un premier refus du roi. Il publie alors son Œuvre majeure *Théorie analytique de la chaleur.* Dans un article resté célèbre, publié en 1824, il applique cette théorie et décrit les sources de chaleur de la Terre. Il distingue : la radiation solaire, la chaleur de l'espace communiquée par les étoiles, la chaleur interne de la Terre issue de sa formation. Il précise également que les mouvements de l'air et de l'eau, l'extension des mers, la forme des sols et l'industrie influenceraient le climat terrestre. Autant de pistes que ses successeurs préciseront.

En 1860, exit l'héliothermomètre, place à la couverture chauffante. Le physicien irlandais John Tyndall utilise cette nouvelle analogie, et surtout calcule les pouvoirs radiatifs des différents composants de l'atmosphère. L'expression « pouvoir radiatif » désigne l'aptitude des gaz à absorber, puis renvoyer dans toutes les directions, la chaleur dégagée par la Terre. Il conclut que l'effet de couverture chauffante de l'atmosphère est essentiellement dû à la présence de gaz carbonique et de vapeur d'eau. Un calcul jamais contredit.

C'est le futur prix Nobel de chimie de 1903, le suédois Svante Arrhenius, qui popularise l'expression « effet de serre ». Lui aussi effectue un calcul resté célèbre. En 1896, il publie *« De l'influence de l'acide carbonique dans l'air sur la température du sol »*, un article dans lequel il estime « à la louche » que le doublement de la quantité de gaz carbonique dans l'atmosphère devrait entraîner une hausse de température comprise entre 4 et 6 °C. Pour obtenir ce résultat, qui n'est finalement pas si éloigné des chiffres évoqués actuellement, le chimiste argue du fait que l'augmentation de l'effet de serre ainsi générée conduirait à une plus grande évaporation de l'eau terrestre, d'où un effet de serre accentué par la présence de vapeur d'eau dans l'atmosphère. Et le Suédois de se réjouir de cette conclusion. Car, à la même époque, une rumeur court : l'humanité pourrait être confrontée un jour à un âge glaciaire. L'activité industrielle, bienfaitrice, pourrait sauver le monde des morsures d'une future glaciation…

Les glaciers bougent

C'est au XVIIIe siècle que la perception du climat connaît un véritable bouleversement. À l'époque, plusieurs géologues sont intrigués par la présence de gros blocs de nature granitique, pesant plusieurs tonnes, dans les plaines calcaires de Suisse et du Jura, ou au sommet de petites collines. Ces intrus, baptisés blocs erratiques, s'avèrent très abondants entre la mer Baltique et les Carpates. Plusieurs théories sont échafaudées pour expliquer leur origine. Les uns pensent qu'ils sont le vestige d'anciennes montagnes granitiques qui ont été érodées. Mais, fait troublant, ces blocs semblent constitués de la même roche que celle que l'on trouve au sommet des Alpes. Auraient-ils été expulsés de leur lieu d'origine sous la pression d'un fluide souterrain ? Ou bien charriés par un fleuve d'une puissance extraordinaire ? Voire transportés par la mer au moment du soulèvement du massif alpin ? Les hypothèses les plus fantaisistes sont évoquées.

À la fin du XVIIIe siècle, en Suisse, la neige tombe en abondance, et les glaciers se mettent à augmenter de volume. Ils gonflent et avancent dans les vallées. Certains cols deviennent impraticables, et des chapelles isolées sont broyées par les glaces. On remarque alors que les glaciers poussent devant eux des champs de débris, les moraines. Au vu de leur composition, ces mélanges de sables, de cailloux, de blocs gigantesques, ont parcouru ainsi plusieurs kilomètres. Les blocs erratiques auraient-ils été abandonnés de la même façon par d'immenses glaciers ? Cela revient à transposer à l'échelle d'une région entière l'observation faite à l'échelle d'une vallée.

Blocs erratiques dans la Vallée de la Fontaine Salée (massif du Sancy – Auvergne).
Photographie Dominique Decobecq.

L'idée a de quoi choquer, car on trouve des blocs erratiques à des endroits très éloignés des montagnes. Cela suppose que toutes les vallées alpines, jusqu'à la vallée du Rhône, aient été envahies par les glaces. En 1837, le scientifique suisse Louis Agassiz emploie le terme d'âge glaciaire. Après avoir accumulé les preuves sur le terrain, et notamment observé des stries caractéristiques laissées par le passage des glaciers sur des roches, il affirme qu'il y a longtemps, une grande partie de l'Europe, de l'Asie et de l'Amérique du Nord a été recouverte par une immense calotte de glace. Ses propos sont quasi-unanimement rejetés par les scientifiques de l'époque. Mais des roches striées, et polies, ainsi que des traces d'anciennes moraines sont également retrouvées en Écosse. Il faut se rendre à l'évidence : seule une terrible glaciation peut expliquer la présence de blocs erratiques, déposés pêle-mêle, aussi loin de leur lieu d'origine.

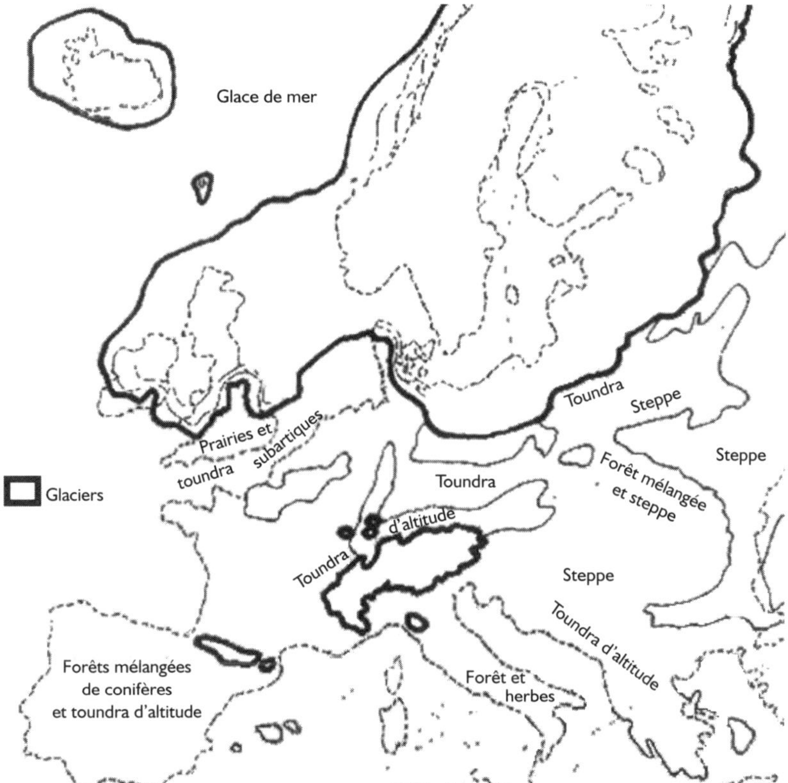

Extension des glaces en Europe au moment du dernier maximum glaciaire, il y a 20 000 ans.

Les calottes recouvraient le nord de l'Amérique (calotte Laurentide) et la Scandinavie (calotte fennoscandienne) ainsi que le Groenland. Les glaciers alpins descendaient jusqu'à Lyon. Les lignes en trait tireté correspondent aux limites actuelles des continents.

Bientôt, les scientifiques doivent affronter une nouvelle réalité. Dans certaines régions, des blocs erratiques campent sur des roches polies. Si le glacier a poli les roches, il aurait dû déposer ses débris plus en aval. À moins qu'il n'y ait eu plusieurs phases d'avancée et de retrait du glacier... Les moraines sont en effet séparées par des couches contenant des plantes fossilisées. Entre deux glaciations, il y aurait donc eu des périodes plus chaudes, propices à la pousse de la végétation.

En étudiant les roches et les paysages, les scientifiques de la fin du XIXe siècle identifient quatre glaciations en Europe, baptisées Riss, Günz, Mindel et Würm (du nom d'affluents du Danube). On en compte aujourd'hui plus d'une vingtaine, plus ou moins longues et intenses, qui se sont succédées tout au long de l'ère Quaternaire, depuis 1,8 million d'années.

Sous quel climat poussent les génies ?

Pendant le siècle des Lumières, sous l'influence des savants de l'Antiquité comme Aristote ou Hippocrate, le climat est associé aux vapeurs exhalées par la terre. Les émanations du sol varient selon les pays, et avec elles, la qualité de l'air. L'abbé Jean-Baptiste Du Bos, critique et historien, publie en 1719 un ouvrage dans lequel il cite l'exemple de la Hollande, couverte d'eau, de l'Italie, au sol riche en aluminium et en soufre, de l'Angleterre et de ses gisements de plomb, d'étain, de charbon. Nul doute que des terres aussi différentes influencent l'air que l'on y respire. Curieusement, l'ouvrage de l'abbé est intitulé *Réflexions sur la poésie et sur la peinture*. Car pour le savant, génie et climat sont intimement liés. Tout au long de sa vie, et notamment au cours de sa croissance, l'Homme se construit à partir des éléments qu'il puise dans l'air qu'il respire, dans les aliments nourris par le sol. Certaines terres, et certaines époques, seraient donc plus propices que d'autres à la naissance d'êtres exceptionnels. Et de citer la Grèce de Philippe de Macédoine et Alexandre Le Grand, Rome sous Jules César et Auguste, la Renaissance italienne, et sa propre époque, la France de François Ier à Louis XIV. Cette théorie connaîtra un certain succès. Dans *L'esprit des lois*, qui paraît en 1748, Montesquieu aborde ainsi « l'influence du climat sur les mœurs, le caractère et les lois des peuples ». Puis le philosophe britannique David Hume s'empare de ce raisonnement. À la fin du XVIIIe siècle, celui-ci domine la pensée occidentale sur le climat. La conclusion pour les voyageurs et tous ceux qui souhaitent émigrer vers l'Amérique est alors sans appel : voyager ruine la santé !

Pour expliquer ces variations importantes du climat, les théories fleurissent. Vers 1900, la plupart des explications possibles ont été envisagées, à défaut d'être vraiment explorées. Les changements dans la géographie terrestre, notamment dans la forme et la hauteur des continents, ont été évoqués. La surrection des Alpes, il y a 20 à 30 millions d'années, aurait, par exemple, profondément modifié la circulation atmosphérique. Selon d'autres, c'est la circulation des océans qui aurait été modifiée au fur et à mesure de la mise en place des continents. Or, on sait déjà que les étendues d'eau jouent un grand rôle sur le climat. Arrhenius et l'américain Thomas Chamberlain penchent, quant à eux, pour des changements dans la transparence et la composition de l'atmosphère, dus en partie aux activités humaines. L'Allemand Alfred Wegener, père de la tectonique des plaques, explique les traces de glaciations aux basses latitudes par la migration des pôles et des plaques continentales. D'autres penchent pour des variations de l'activité du Soleil, l'influence des marées lunaires et solaires ou le passage de poussières cosmiques à proximité de notre planète. Le rôle des éruptions volcaniques, qui projettent dans l'atmosphère de nombreuses poussières capables d'obscurcir (et donc de refroidir) la Terre, figure également dans les hypothèses évoquées.

Un mathématicien français, Joseph Adhémar, avance quant à lui l'idée, dès 1842, que le climat pouvait être contrôlé par des mécanismes célestes. Les positions relatives de la Terre et du Soleil au long des saisons expliqueraient les différences de climat. La théorie est développée près d'un siècle plus tard, en 1924, par un astronome et géophysicien serbe nommé Milutin Milankovitch. Mais elle ne fait guère d'adeptes, elle non plus. Les idées fusent, mais pas une ne peut être confrontée à l'expérience ou à des données qui permettraient d'en confirmer la validité.

Des mesures, encore des mesures !

Une approche scientifique et rigoureuse du climat ne pouvait se faire sans les relevés d'un certain nombre de données : température, quantité de précipitation, pression atmosphérique et vents... Mais il faudra plus de deux siècles pour qu'un réseau de collecte de mesures voit le jour. Le premier système d'observation météorologique a été fondé en 1654 par le Grand Duc Ferdinand de Toscane. Il collectait des données de baromètres, hygromètres et thermomètres en 7 points de l'Italie, et 4 à l'étranger. Mais il prit fin en 1670.

En France, le premier réseau a été financé par la Société Royale de médecine à la fin du XVIIIe siècle. En 1778, le réseau comptait des physiciens qui, pour collecter leurs données, utilisaient une méthode standardisée. Les intellectuels de l'époque, tels Lavoisier et Condorcet, rêvaient déjà d'étendre ce réseau à l'Europe, et pourquoi pas au monde entier. En 1854, Urbain Le Verrier prend la tête de l'Observatoire de Paris, et de son modeste service météorologique. La même année, la flotte française engagée dans la guerre de Crimée est dévastée par une tempête, qui coule 41 navires. Cette tempête a traversé l'Europe d'ouest en est. L'observatoire commence à télégraphier des données météorologiques, et Le Verrier à monter un réseau d'observateurs en France. Mais ce n'est qu'en 1863 qu'il enverra les premières prévisions météo par le télégraphe.

Des initiatives du même genre ont été prises de manière disparate en Angleterre, qui peut s'enorgueillir d'enregistrements de température remontant au XVIIe siècle, en Allemagne, en Russie, aux États-Unis. Puis, progressivement et essentiellement au début du XIXe siècle, des services météorologiques nationaux se mettent en place dans chacun de ces pays.

Les premiers amateurs de météorologie

« Un changement de notre climat se met en place très sensiblement... La chaleur et le froid deviennent tous deux très modérés... »[1]. De

1. Thomas Jefferson, Notes on the State of Virginia (Paris, 1785).

quand date ce constat ? De plus de deux siècles : il figure dans un écrit de Thomas Jefferson daté de 1785. À l'époque, le réchauffement climatique était gage de progrès. Pour de nombreux intellectuels américains, le climat du Nouveau-Monde devenait plus clément au fur et à mesure de l'installation des colons, qui remplaçaient les forêts sauvages par des champs cultivés. Dans une lettre datée de 1763, Benjamin Franklin expliquait que « les terres éclaircies absorbent plus de chaleur et font fondre la neige plus rapidement ».

Pour en apporter la preuve, de nombreux Américains patriotes inaugurent un nouveau passe-temps : les mesures météorologiques. Hélas, certains placent leur thermomètre au soleil, d'autres à l'ombre, d'autres près de leur habitation. Leurs instruments sont peu fiables et leurs données inutilisables.

En 1873, à Vienne, se tient le premier congrès international des directeurs de services météorologiques nationaux. La coopération internationale va dès lors se renforcer jusqu'à la création, en 1950, de l'organisation météorologique mondiale (OMM) qui rassemble désormais 185 pays.

Aujourd'hui, l'OMM récolte de manière quotidienne les informations fournies par 4 satellites qui orbitent autour de la Terre, 5 satellites géostationnaires, 10 000 stations d'observation terrestre, 7 000 bateaux en mer, 3 000 balises flottantes portant des stations météorologiques automatiques. Les satellites fournissent une quantité d'informations variées, de la composition de l'atmosphère en passant par la hauteur de la mer, la couverture nuageuse, l'étendue des glaciers ; ils permettent également de visualiser la formation des tempêtes. Les stations météorologiques, sur mer comme sur terre, mesurent la température, l'humidité, la pression de l'air, les précipitations et les vents. Des centaines de radiosondes sont également lâchées chaque jour pour mesurer divers paramètres atmosphériques. Attachées à leur ballon gonflé d'hélium, ces stations enregistrent la température, la pression, l'humidité de l'air, ainsi que la vitesse et la force des vents en altitude.

Au début du XXe siècle, les mesures quotidiennes donnent du grain à moudre aux prévisionnistes. On commence à comprendre comment interagissent les masses d'air, de quelle façon les nuages produisent des précipitations, comment se forment les tempêtes. Mais ces données ne nous parlent pas des fantastiques variations de climats connues par la Terre tout au long de son histoire. Pour cela, il faudra une importante découverte : la planète a gardé, sous forme de traces, des enregistrements des températures passées sur des dizaines de millions d'années. L'ouverture de ces archives va faire basculer la climatologie dans une ère nouvelle.

Chapitre 2
Les archives du climat s'ouvrent

En 1925, le *Meteor* quitte le port de Wilhelmshaven, en Allemagne. Avec à son bord 123 marins et scientifiques, ce navire tout neuf va traverser 13 fois l'Atlantique en deux ans. Il s'agit de l'une des toutes premières expéditions océanographiques modernes. Financée par le gouvernement allemand et la fondation allemande pour la recherche, elle doit permettre de fournir un premier état des lieux de l'océan. Le navire rapportera 67 400 mesures de courants, de salinité, de température et de concentration en oxygène, ainsi que des mesures atmosphériques et des échantillons de sédiments déposés dans les fonds marins. Un trésor dont les climatologues ne mesurent alors pas encore toute la valeur…

Les sédiments marins racontent leur histoire

Ces échantillons contiennent des restes de petits coquillages marins de taille millimétrique, des foraminifères. À leur mort, leurs squelettes formés de carbonates se sont déposés en couches successives au fond des mers. Wolfgang Schott, un des scientifiques chargés d'examiner les échantillons, remarque que les espèces de foraminifères présentes dépendent de la température de l'eau. Certaines espèces se forment préférentiellement dans les eaux chaudes, d'autres dans les régions froides. Ce lien entre répartition des espèces de foraminifères et température avait déjà été noté par John Murray, le naturaliste de l'expédition *Challenger*, un vaisseau britannique qui avait parcouru les mers du globe entre 1872 et 1875 pour effectuer des relevés scientifiques. Mais Schott va plus loin. Il développe des méthodes de comptage des espèces dans les couches successives de sédiments prélevées dans les sous-sols marins. Il déduit des variations observées dans leur répartition que la température des eaux océaniques de surface s'est modifiée au rythme des périodes glaciaires et interglaciaires.

Dans les années 1950, le développement de la physique et la connaissance des atomes conduisent à une détermination plus précise de la composition des foraminifères. Ceux-ci incorporent dans leur coquille des éléments chimiques qu'ils puisent dans l'eau, et notamment de l'oxygène. L'atome d'oxygène se trouve naturellement sous deux formes principales, appelées isotopes, selon qu'il contient 8 ou 10 neutrons. Le premier cas est le plus courant, il s'agit de l'oxygène 16 (pour 8 protons et 8 neutrons). Il compte pour 99,76 % des atomes d'oxygène présents dans l'océan. Le deuxième isotope est nettement plus rare, il ne représente que 0,2 % de l'oxygène naturel. On parle d'oxygène 18 ou oxygène lourd, 18 étant mis pour 8 protons et 10 neutrons.

Or des biologistes ont montré que suivant la température de l'eau, les foraminifères incorporent dans leur coquille une proportion plus ou moins élevée d'oxygène lourd. Les premiers enregistrements de teneur en oxygène lourd dans des foraminifères obtenus sur des carottes sédimentaires récoltées dans les années 1950 et 1960 par l'équipe du prix Nobel Harold Urey montrent des variations de composition qui témoignent des variations des températures de l'océan. La méthode offre la possibilité de reconstituer des enregistrements continus sur des dizaines de millions d'années. Elle fournit aussi des informations plus éparses sur des époques encore plus reculées. La fenêtre ouverte sur l'histoire climatique de la planète est énorme.

« Le problème chimique le plus ardu que j'aie jamais rencontré »

L'extraction des carottes sédimentaires au fond des océans, puis leur analyse, a donné du fil à retordre à de nombreux géochimistes. Il fallait en premier lieu découper un prélèvement de forme cylindrique, perpendiculaire à la surface du sol, sans perturber l'agencement des couches de sédiments. Dès 1947, on utilisait un tube muni d'un piston. Le piston était remonté pour aspirer le sédiment au fur et à mesure que le tube s'enfonçait dans le sol océanique. Une fois au laboratoire, des échantillons de carotte étaient prélevés. Il fallait y récupérer l'oxygène sans altérer la proportion des isotopes. La procédure adoptée finalement consistait à broyer les coquilles puis à les griller sous un flux d'hélium. L'oxygène se retrouvait alors sous forme de gaz carbonique, analysé grâce à un spectromètre de masse. Cet appareil ionise les gaz puis fait migrer les atomes obtenus dans un champ magnétique. Suivant leur masse (l'oxygène 16 est plus léger que l'oxygène 18), ces molécules ionisées migrent plus ou moins, et sont détectées à un emplacement différent. Le chimiste américain Harold Urey, prix Nobel, affirmait qu'il s'agissait là du problème chimique le plus difficile qu'il ait eu à résoudre au cours de sa carrière.

Mais ces nouvelles courbes de températures obtenues à partir des proportions en isotopes de l'oxygène posent aussitôt un problème de taille : elles ne coïncident pas toujours avec les variations déduites de l'étude des variétés de foraminifères… L'énigme allait bientôt être résolue.

Gouttes d'eau en transit

Le 22 juillet 1952, Willi Dansgaard se livre à un curieux manège. Ce jeune climatologue danois (il a alors 30 ans) parcourt Copenhague à la suite d'un orage qui se déplace au-dessus de sa tête. Il recueille des gouttes de pluie. Il soumet alors ces échantillons à une analyse chimique poussée. Il cherche à déterminer la proportion respective des différents isotopes de l'eau dans les précipitations. L'eau est en effet composée de deux atomes d'hydrogène et d'un atome d'oxygène. Elle s'écrit sous la forme H_2O. Comme l'eau des océans, la pluie est formée essentiellement de molécules d'eau contenant de l'oxygène 16, mais là aussi, dans environ deux cas sur 1 000, l'oxygène 16 est remplacé par de l'isotope 18. La proportion exacte d'oxygène lourd varie cependant d'une pluie à l'autre...

Dansgaard observe que plus il fait froid dans un site donné, moins il y a d'oxygène 18 dans une précipitation. Il trouve une explication à ce phénomène étrange. Dans les régions les plus ensoleillées, sous l'équateur, l'eau de mer s'évapore. La vapeur d'eau est entraînée par convection (mouvement vertical) et advection (mouvement horizontal) vers les régions plus froides, c'est-à-dire vers les Pôles. Au cours de son transit, elle égrène des averses de pluie, puis de neige dans les régions les plus froides, essentiellement au-dessus des grandes calottes polaires du Groenland, au nord, et de l'Antarctique, au sud. L'essentiel de la vapeur d'eau se condense toutefois très rapidement, bien avant d'avoir rejoint les Pôles. Lors de ce voyage vers les Pôles, les premières gouttes d'eau à tomber contiennent une proportion légèrement plus importante d'oxygène 18 car les molécules d'eau qui en contiennent, plus lourdes, se condensent plus facilement. Au fur et à mesure de ces précipitations, la vapeur d'eau qui reste dans la masse d'air s'appauvrit en oxygène 18. Si bien que chaque précipitation est un peu plus pauvre en oxygène 18 que la précédente... Et ce sont les dernières, les neiges formées dans les régions les plus froides qui contiennent le moins d'oxygène 18. Le raisonnement conduit à deux conclusions, qui constituent le fondement de la technique de reconstitution des climats du passé par l'analyse des isotopes de l'eau. Technique qui s'est révélée, depuis, extrêmement fructueuse.

Première conclusion : plus il fait froid, plus la vapeur d'eau se condense tôt au cours de son transit vers les Pôles, moins il y a d'oxygène 18 dans une précipitation (le raisonnement vaut également pour le deutérium, isotope de masse 2 l'hydrogène). La teneur des précipitations anciennes en oxygène 18 ou en deutérium constitue un thermomètre qui affiche les températures du passé. Il faut donc retrouver ces précipitations, ou, à défaut, des composés dans lesquels elles auraient laissé une empreinte. Or, ces précipitations s'accumulent en couches successives dans les régions où, depuis plusieurs millions d'années, la neige ne fond jamais. Elles sont donc systématiquement conservées, du moins jusqu'à ce que l'écoulement progressif de la glace ne les ramène dans l'océan. Sous la pression des couches successives, la neige se tasse et se transforme en glace dont la proportion d'oxygène 18 est d'autant plus faible que la température de formation de la neige était plus froide. Ces archives climatiques se trouvent principalement au cœur des inlandsis qui coiffent le Groenland et l'Antarctique, calottes de glace qui affichent respectivement 3 et 30 millions d'années. Même si leur taille a fluctué, elles constituent une mémoire du climat et de l'environnement de la Terre sur un peu plus de 100 000 ans au Groenland et sur près d'un million d'années en Antarctique ! Beaucoup de ce que nous connaissons du passé climatique repose sur ce lien entre la composition isotopique des précipitations et le climat, révélé par Willi Dansgaard au début des années 1950.

Deuxième conclusion : puisque les neiges qui s'accumulent dans les calottes polaires sont plus pauvres en oxygène 18 que l'océan, l'augmentation du volume des glaces continentales en période glaciaire s'accompagne d'un enrichissement de l'océan en oxygène 18. Engloutis dans les fonds marins, d'autres archives extrêmement prolifiques attendent donc les chercheurs... Et elles permettent de couvrir plus de 100 millions d'années, une limite imposée par la tectonique des plaques qui fait que les fonds se renouvellent.

Annales océaniques

Il y a 20 000 ans, lors du Dernier Maximum Glaciaire, une énorme calotte de glace recouvrait l'Amérique du Nord et le Groenland, une autre l'Europe du Nord et une partie de la Sibérie. Volume total : 50 millions de km^3... L'équivalent d'un territoire grand comme trente fois la France recouvert d'une couche de glace épaisse de 3 km. La calotte Antarctique emprisonne, quant à elle, 30 millions de km^3. À cette époque, 80 millions de km^3 d'eau issue de l'océan sont donc stockés sur les continents sous forme de glace (contre 30 actuellement). Conséquence directe : le niveau de la mer était alors environ 120 m plus bas qu'aujourd'hui.

En enlevant à l'océan plus de 100 m d'eau pauvre en oxygène 18 pour les stocker sur le continent, la glaciation laisse un océan glaciaire plus riche en oxygène 18 que l'océan actuel et ces variations se reflètent directement dans la composition des foraminifères. On comprend alors pourquoi les variations de l'oxygène 18 dans les foraminifères du Quaternaire ne suivent pas exactement celles des températures déduites par d'autres méthodes. Car la composition en oxygène 18 d'un foraminifère dépend au moins de deux paramètres : la température à laquelle il s'est formé et la composition isotopique de l'océan, qui dépend elle-même des conditions climatiques. Ce second paramètre est important. Les pionniers des années cinquante, qui l'avaient sous-estimé, s'en sont « mordu les doigts ». Leurs interprétations, erronées, ont dû être revues dans les années 1970 grâce au travail de paléocéanographes (scientifiques qui reconstruisent le passé à partir des sédiments marins) tels Nick Shackleton en Angleterre et Jean-Claude Duplessy en France.

Les âges de la Terre

La Terre est née il y a 4,6 milliards d'années.

Temps prégéologiques : – 4,6 à – 3,8 milliards d'années

La croûte terrestre se forme, le manteau dégaze et se refroidit. Parmi les gaz émis, la vapeur d'eau se condense pour donner les océans, la vie apparaît sous forme de bactéries.

Ère Primaire : – 3,8 milliards à – 245 millions d'années

La vie végétale et animale se développe, en mer puis sur terre. L'ère Primaire se termine par une crise géologique majeure. Seules 4 % des espèces survivent.

Ère Secondaire : – 245 à – 65 millions d'années

C'est le règne des dinosaures et des premiers oiseaux. L'ère secondaire se termine par une crise géologique qui provoque l'extinction de 80 % des espèces, et notamment les dinosaures.

Ère Tertiaire : – 65 à – 1,8 million d'années

Les continents migrent peu à peu vers leur place actuelle. Les hominidés apparaissent il y a 6 millions d'années en Afrique.

Ère Quaternaire : – 1,8 million d'années à aujourd'hui

L'homme moderne apparaît. Un climat régi par une succession d'épisodes glaciaires se met en place. Les cycles, qui duraient au début 40 000 ans, s'allongent progressivement à 100 000 ans, dont 80 000 ans de glaciation et 10 000 à 20 000 ans de période interglaciaire. Le dernier maximum glaciaire s'est produit il y a 20 000 ans. Nous nous trouvons depuis 11 000 ans dans un interglaciaire, appelé Holocène. Le précédent interglaciaire, probablement un peu plus chaud que la période actuelle, est centré autour de – 125 000 ans, l'avant-dernier autour de – 240 000 ans et ainsi de suite.

Ces avancées théoriques ont été validées par de nombreux forages profonds. En 1947, on savait déjà extraire des carottes sédimentaires d'environ 10 m de long grâce à des carottiers à piston. Mais, pour remonter loin dans le temps, il faut forer beaucoup plus profondément dans des zones ou les sédiments s'accumulent lentement. Les carottes les plus profondes, celles qui couvrent des dizaines de millions d'années, sont aujourd'hui obtenues par des méthodes de forage du type de celles utilisées par les pétroliers. Sur de telles périodes de temps, les variations observées ne rendent pas compte des détails des variations climatiques d'autant que les courants marins ont tendance à mélanger les couches de sédiments... Pour déchiffrer de façon précise les variations climatiques rapides, ou les variations récentes, les climatologues utilisent des carottiers constitués d'un long tube surmonté d'une masse pesant jusqu'à une tonne. L'appareil est lâché en chute libre à quelques mètres du sédiment. L'ensemble s'y enfonce mais peu profondément, et pendant longtemps cette méthode n'a permis de ramener que des carottes relativement courtes... Un seul carottier peut aujourd'hui s'enorgueillir d'avoir franchi cet écueil. Il a été développé à Brest, à l'Institut Polaire Français Paul Émile Victor (IPEV), et est embarqué sur le *Marion Dufresne II*. Ce bateau de recherches océanographiques français sillonne les océans du globe et extrait des carottes de plus de 50 m, qui sont très peu perturbées et permettent une lecture précise du climat des dernières dizaines à centaines de milliers d'années.

La lecture des sédiments s'est elle-même énormément affinée depuis ses débuts. Et si l'analyse de la teneur en oxygène 18 des foraminifères reste une approche privilégiée pour extraire de l'information climatique, les méthodes de comptage s'appliquent à d'autres composantes de la faune ou de la flore marines telles les diatomées qui sont des algues microscopiques. Le gros avantage des forages sédimentaires, s'est qu'ils peuvent être effectués sur une bonne partie des océans. L'analyse des carottages prélevés en différents sites révèle comment varient les températures entre différentes régions des océans, mais également entre les couches superficielles et l'océan profond. En effet, dans les couches sédimentaires, les squelettes de foraminifères planctoniques, qui vivent en surface, et de foraminifères benthiques, habitants des profondeurs, se mélangent. Chacune des deux espèces parle donc du milieu dans lequel elle a vécu. Par ailleurs, la combinaison des différentes méthodes permet désormais d'identifier, dans les enregistrements de teneur en oxygène 18, la part due aux variations de la composition isotopique de l'océan, de celle qui résulte des variations de températures. On peut ainsi déduire de ces enregistrements le niveau de la mer à des époques reculées, ainsi que le volume des glaces continentales.

La connaissance des océans du passé va désormais bien au-delà de celle du niveau de la mer et des températures. Les paléocéanographes savent nous dire comment a varié la salinité de l'océan, comment se sont modifiés les courants océaniques (parfois de façon très rapide), comment les apports de matière par les vents depuis les continents ont varié et quelle était alors la productivité océanique, les périodes et les zones riches en poissons pélagiques par exemple.

Mais malgré les progrès des carottiers, jamais les sédiments marins ne donneront accès, année par année, aux variations du climat du dernier millénaire ou des derniers siècles. Le bassin de Cariaco au large du Venezuela, où les conditions ont favorisé le dépôt de lamines annuelles, reste un site exceptionnel. Heureusement, les climatologues marins possèdent plus d'une corde à leur arc. Pour obtenir des données annuelles, ils font parler les coraux. Ces animaux construisent des squelettes de carbonate de calcium qui supportent la matière vivante, et lui survivent. La vitesse de croissance des barrières de corail dépend de la température de la mer. La plupart du temps, quand la température de surface plonge sous les 18 °C, la calcification se ralentit fortement. Le taux de calcification change ainsi au cours d'une année. Sectionnés et observés aux rayons X, les squelettes de coraux laissent apparaître une alternance de bandes de faible et forte densité, significative des changements de croissance et de température de l'océan. Là où ils poussent (essentiellement dans une bande située entre 30° de latitude Nord et 30° de latitude Sud), les coraux peuvent notamment fournir de l'information sur les courants océaniques, et les événements de type El Niño dus à des renversements de courants. Là aussi les méthodes combinent analyses isotopique et chimique et permettent de couvrir des centaines d'années de variations climatiques. Comme les coraux vivent dans les eaux proches de la surface, ils constituent également un précieux indicateur des variations du niveau de la mer.

Les premiers pas de la glaciologie

En même temps que l'analyse des sédiments marins puis celle des coraux progressent, l'étude des glaces polaires connaît d'importants développements dès la fin des années cinquante. Fort de sa connaissance des facteurs qui influencent la teneur en oxygène 18 des précipitations, Willi Dansgaard effectue les premiers prélèvements de glace destinés à vérifier qu'il existe bien un lien entre composition isotopique des glaces et température des climats passés. Il lance, en 1958, une campagne d'échantillonnage de la glace des icebergs groenlandais. Mais les icebergs contiennent une glace relativement jeune, qui affiche au maximum quelques milliers d'années. Rien de comparable avec les 100 millions d'années retracés par les carottes sédimentaires. Pour obtenir des informations plus anciennes, il faut creuser la calotte polaire elle-même.

Une dizaine de pays ont décrété que les 18 mois s'écoulant entre le 1er juillet 1957 et le 31 décembre 1958 constitueraient « l'Année

Géophysique Internationale ». Pour l'occasion, de nombreux crédits sont accordés dans des disciplines scientifiques s'intéressant à l'étude de la planète Terre. Ils permettent notamment de développer des carottiers. Ces instruments peuvent extraire des cylindres de glace

Carottier EPICA (*European Project for Ice Coring in Antarctica*).
Le forage réalisé au site Antarctique de Dome Concordia a atteint la profondeur de 3 190 m. Photographie Olivier Cattani.

d'une dizaine de centimètres de diamètre, longs de 1 à 3 m. Par « passes » successives, ils ouvrent l'accès à de la glace de plus en plus profonde. Voilà pour la théorie. La pratique s'avère nettement plus acrobatique. Les conditions de vie (froid, alimentation, isolement psychologique) et de travail étant très difficiles, les forages ne s'effectuent généralement pas pendant la nuit polaire, mais pendant l'été. En 1966, après 6 saisons d'efforts, un premier forage de 1 390 m est réalisé par une équipe américaine près de la base militaire de Camp Century au nord-est du Groenland, en coopération avec le groupe de Willi Dansgaard. Ce carottage couvre la dernière période glaciaire sur près 100 000 ans, la déglaciation qui a suivi et notre interglaciaire, l'Holocène.

Les carottes de glace sont stockées avant de partir dans les différents laboratoires.
Photographie Olivier Cattani.

L'année suivante, le carottier est transféré en Antarctique à Byrd. En 1968, la carotte de Byrd qui remonte le passé sur environ 80 000 ans est forée. Hélas, le carottier reste au fond du trou.

Des carottes sous la glace

Il existe deux types de systèmes de carottages profonds. Le carottier thermique attaque la glace par la chaleur. Le tube est muni à son extrémité d'une résistance chauffante qui fait fondre un mince anneau de glace. Le carottier électromécanique, le plus couramment utilisé actuellement, découpe quant à lui la glace au moyen de couteaux rotatifs. Dans les deux cas, les carottes de glace sont récupérées dans le tube et remontées à la surface par morceaux. Les tubes sont munis d'un réservoir qui remonte également les déchets, eau liquide ou copeaux de glace. Le trou doit être rempli d'un liquide de forage pour éviter qu'il ne se referme progressivement et soit inutilisable l'année suivante. Les deux types de carottiers courent un gros risque : celui de rester bloqués en profondeur, sous la glace, sans que l'on puisse jamais les récupérer.

En 1975, un forage réalisé par une équipe française conduite par Claude Lorius de Grenoble atteint une profondeur de 900 m. Le forage a été effectué au cœur de l'Antarctique, au Dôme C. Dans cette zone, l'accumulation de glace est particulièrement faible et l'épaisseur de la calotte excède 3 km. De quoi remonter loin dans le passé... Sept tonnes de glaces sont ramenées dans les laboratoires de Grenoble, Saclay et Orsay. Ce sont 40 000 ans d'archives du climat qui sont mises au jour. Une véritable aubaine pour les équipes françaises qui rentrent alors de plain-pied dans cette formidable aventure des grands forages polaires.

Malgré leur réussite, les forages dans les calottes glaciaires laissent les climatologues sur leur faim. Aucun d'entre eux ne permet de remonter au-delà de la dernière glaciation, qui a débuté il y a 110 000 ans. Les sédiments marins et certaines séries continentales remontent alors beaucoup plus loin dans le temps, dévoilant la succession des périodes chaudes et des périodes glaciaires. Il faut attendre les années 1980 pour que les calottes polaires livrent des archives plus anciennes. Nous les devons alors à la persévérance des foreurs soviétiques qui, en 1983, atteignent la profondeur de 2 083 m, à Vostok, en plein cœur de l'Antarctique, un des sites les plus inhospitaliers de notre planète

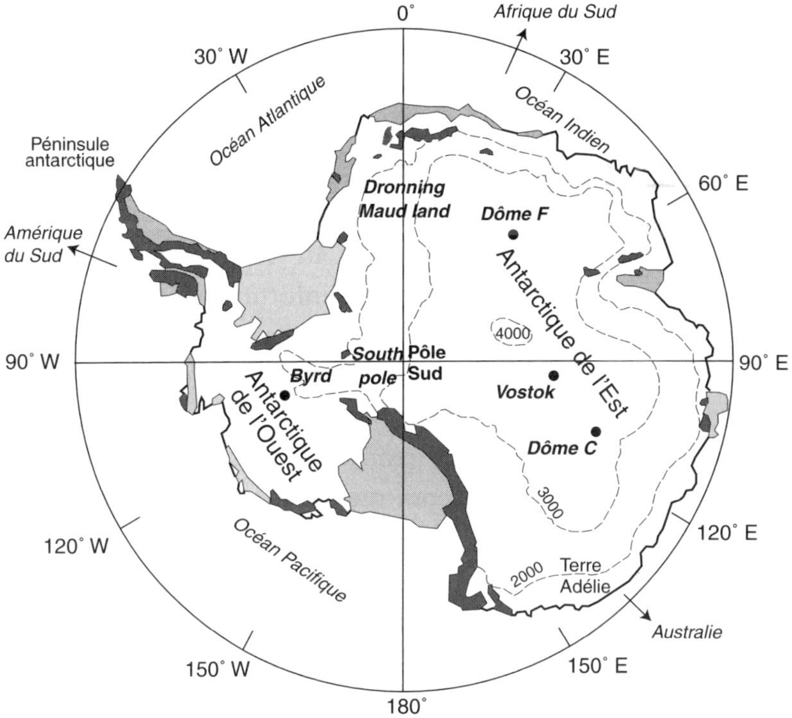

Carte indiquant les sites où ont été réalisés des forages profonds en Antarctique.

(il détient le record de la température la plus froide, – 89 °C…). Et c'est grâce à l'amitié qui s'est établie entre Claude Lorius et Volodya Kotlyakov, l'organisateur du projet Vostok, et au soutien des Expéditions Polaires puis de l'Institut Polaire Paul-Émile Victor, que les équipes françaises sont associées à ce programme, auquel se joignent quelques années plus tard les Américains. Un, deux, trois, puis quatre cycles climatiques sont dévoilés, couvrant plus de 400 000 ans.

Les forages récents

La complémentarité des forages dans les glaces permanentes des hémisphères Nord (Groenland) et Sud (Antarctique) est essentielle car les deux hémisphères ne vivent pas les changements climatiques de la même manière. Le rythme des grandes périodes glaciaires y est identique mais le Groenland connaît, par exemple, des refroidissements plus importants et des variations beaucoup plus rapides que l'Antarctique. La comparaison des deux types d'enregistrements est indispensable si l'on veut comprendre les mécanismes qui président à la propagation des glaciations et des réchauffements sur toute la planète.

Les forages continuent donc toujours au Groenland, bien que l'on sache que cette calotte ne fournira pas d'informations aussi anciennes qu'en Antarctique. C'est ainsi qu'en 1992 et 1993, deux carottages effectués au Groenland (l'un européen et le second américain), révèlent l'existence de variations extrêmement rapides du climat, observées depuis dans de nombreux enregistrements marins et continentaux. Les climatologues prennent conscience que nous ne sommes pas à l'abri de « surprises climatiques », ce dont nous reparlerons plus loin.

C'est en Antarctique que les équipes françaises de Grenoble, Saclay et Orsay se sont essentiellement illustrées. Celles-ci œuvrent depuis une dizaine d'années au sein d'un consortium de dix nations européennes conduit sous l'égide de la Fondation Européenne de la Science avec le soutien financier de la Commission Européenne et des différentes agences de recherche nationales. L'objectif de ce consortium européen : réussir deux forages sur des sites du plateau Antarctique, l'un au Dôme Concordia, l'autre dans un secteur pratiquement inexploré, face à l'Atlantique. Le succès est au rendez-vous. Début 2003, 3 200 m de glace ont été remontés. De la glace vieille de plus de 800 000 ans, deux fois plus que le forage mythique de Vostok, qui commence à livrer ses premiers secrets.

L'analyse de la composition isotopique de la glace, isotopes de l'oxygène (oxygène 18) ou de l'hydrogène (deutérium) reste, 50 ans après les premiers travaux de Dansgaard, l'outil de base pour reconstituer les variations de la température en Antarctique ou au Groenland. Mais la palette des informations, qui peuvent être extraites d'un morceau de glace, s'est considérablement élargie. Car la glace est un matériau d'une pureté extrême, et la moindre variation de composition témoigne des caractéristiques du monde tel qu'il était lors de sa formation. En se tassant, elle a ainsi piégé de minuscules bulles d'air, véritables fossiles d'atmosphère. Les bulles emprisonnées constituent autant d'échantillons de l'atmosphère passée. Grâce, notamment, à l'équipe grenobloise de Dominique Raynaud et à celle de Berne conduite par Bernhard Stauffer, ces analyses permettent aujourd'hui de connaître l'évolution des gaz à effet de serre, gaz carbonique, méthane... au cours des différentes périodes climatiques. Les bulles d'air retracent ainsi l'augmentation de l'effet de serre qui, depuis deux siècles, résulte des activités humaines. La glace elle-même recèle de nombreux autres indices. Les isotopes de l'azote et de l'argon témoignent, par exemple, de manière précise des changements de la température qui a accompagné les variations climatiques rapides découvertes dans les glaces du Groenland. La glace garde aussi les cicatrices de toutes les grandes éruptions volcaniques, dont les poussières noircissent des couches entières. Elle emprisonne également les poussières atmosphériques amenées du désert par les vents. La composition des poussières trahit le temps qu'il faisait alors : plus il était sec, plus les zones désertiques perdaient du sable. Plus les tempêtes étaient importantes, plus les embruns des océans laissaient échapper leur sel dont les cristaux se déposaient sur la glace. Elles trahissent aussi la direction et la force des vents balayant la surface du globe. On observe enfin dans les glaces des traces des activités humaines, celles liées aux exploitations minières des romains, ou plus près de nous du plomb ajouté aux carburants ou des retombées des explosions nucléaires.

On trouve décidément de tout dans les glaces polaires. Mêmes les traces des variations d'activité solaire... Certains isotopes (notamment le béryllium 10) se forment en effet dans l'atmosphère sous l'impact des rayons cosmiques dont les trajectoires sont influencées par l'activité magnétique du soleil, responsable des éruptions solaires. La concentration du béryllium 10 dans les neiges polaires permet donc de reconstruire les variations de l'activité du soleil. Les carottes de glaces sont d'une telle richesse, qu'une fois extraites, elles sont coupées en deux dans le sens de la longueur. Une moitié est gardée comme archive. Les échantillons, prélevés sur l'autre moitié, font ensuite le tour du monde des paillasses de chimie, où l'on tente de les faire parler grâce à une panoplie de plus en plus riche de techniques d'analyses.

« Identification » d'une carotte de glace au Dôme Concordia.
Photographie Olivier Cattani.

Arbres, pollens, tourbières, lacs, stalagmites, se mettent à table

Les carottages polaires nous parlent des conditions climatiques qui régnaient dans ces régions mais donnent également accès à des paramètres globaux comme la composition de l'atmosphère. De leur côté, les sédiments océaniques racontent l'évolution locale de la température, la circulation des océans et le niveau des mers, lui aussi paramètre à caractère global. Mais qu'en était-il précisément sur les continents ?

L'hiver 1708-1709 fut particulièrement sévère en Europe. Plusieurs savants remarquèrent alors que les cernes d'arbres étaient d'une minceur maladive, avec parfois des traces de gel. Ces premiers commentaires marquent la naissance de la dendroclimatologie, qui relie la taille des cernes d'arbres au climat qui régnait l'année de leur formation. Cette discipline ne connaît son véritable essor qu'au début du XXe siècle. En 1901, un astronome américain, Andrew Ellicott Douglass, commence à relier systématiquement des épaisseurs des cernes et les variations climatiques. Il constate que les cernes annuels s'amenuisent avec la sécheresse, et s'épaississent les années pluvieuses. L'astronome, converti à la climatologie, commence par étudier des coupes d'arbres vivants. Puis il retrace l'évolution du climat américain sur plus de 800 ans grâce à des fragments de bois retrouvés sur des sites archéologiques indiens. Un des grands avantages des cernes d'arbres est qu'ils peuvent être datés année par année. En combinant arbres vivants et arbres morts, il est même possible d'obtenir des séries homogènes couvrant plusieurs siècles, et même plusieurs millénaires. Conservés dans les alluvions du Danube, des restes d'arbres vieux de 9 000 ans ont énormément élargi le champ d'action de la dendrochronologie. Ces échantillons font cependant figure d'exception. La dendroclimatologie a essentiellement permis de consolider notre connaissance des variations du climat au cours des deux derniers millénaires. D'autant qu'ils ne se contentent pas de nous renseigner sur les précipitations. La vitesse de croissance des cernes dépend également des températures de l'air. Les isotopes de l'oxygène, encore eux, ont aussi leur mot à dire. La composition en oxygène 18 de la cellulose est influencée par celle de l'eau qui alimente l'arbre mais également par l'humidité de l'air. La composition en carbone 13 témoigne, elle, des périodes de sécheresse. Des études récentes conduites à Saclay, sur les arbres de la forêt de Rennes et les poutres de l'écomusée de cette ville, ont fait le lien entre la proportion d'années sèches et la température estivale au cours des 400 dernières années. Pas de surprise : plus il fait chaud, plus les années sèches sont fréquentes. Ces archives à haute résolution devraient donc permettre de retracer l'histoire des extrêmes climatiques.

En dendroclimatologie, les échantillons très anciens restent rares. Le bois se conserve mal, sauf aux hautes latitudes où les troncs d'arbres sont mieux préservés (en particulier dans les sédiments lacustres). Heureusement, la végétation laisse derrière elle d'autres traces, particulièrement bien armées pour traverser les siècles. Il s'agit des grains de pollen et des spores. Enveloppées dans une membrane d'une résistance chimique incomparable, appelée exine, ces semences végétales mâles traversent les millénaires. Les tourbières sont des endroits privilégiés pour reconstituer des séries polliniques qui peuvent couvrir de grandes périodes de temps. Une série très célèbre est celle de la Grande Pile dans les Vosges qui s'étend sur 140 000 ans et a permis de décrire le dernier cycle climatique tandis que les séries des Echets (au nord de Lyon) couvrent, elles, plus de 400 000 ans. Datés par dosage du carbone 14 pour leur partie la plus récente (ces datations sont de moins en moins précises à mesure que l'on remonte dans le temps et ne sont guère utilisables au-delà de 50 000 ans), les pollens fournissent une mine de renseignements. Leur morphologie permet, en effet, d'identifier la plante qui les a portés, ou de les apparenter à une espèce actuelle pour les plus anciens. L'analyse des différents pollens conservés dans une couche de sédiments permet donc de reconstituer les paysages du passé et donne une bonne idée des conditions climatiques de l'époque. C'est ainsi que l'on sait qu'en France, au cours de la dernière déglaciation, les steppes et les toundras ont, peu à peu, laissé la place aux pins et aux bouleaux (il y a 12 000 ans), puis à des forêts de noisetiers, de chênes et d'ormes (il y a 9 000 ans), et enfin, suivant les régions, aux hêtres, aux sapins et aux épicéas.

D'autres techniques complètent et recoupent celles que nous avons citées. Elles racontent minutieusement le climat sous lequel nos civilisations se sont développées. Tous les détails comptent. Ainsi, certains scientifiques se sont passionnés pour la chasse aux escargots, ou plus exactement pour la chasse aux coquilles d'escargots présentes dans les couches sédimentaires. La malacologie est devenue une science précieuse pour décrire l'alternance des périodes sèches et humides. D'autres bestioles apportent leur eau au moulin. C'est le cas, par

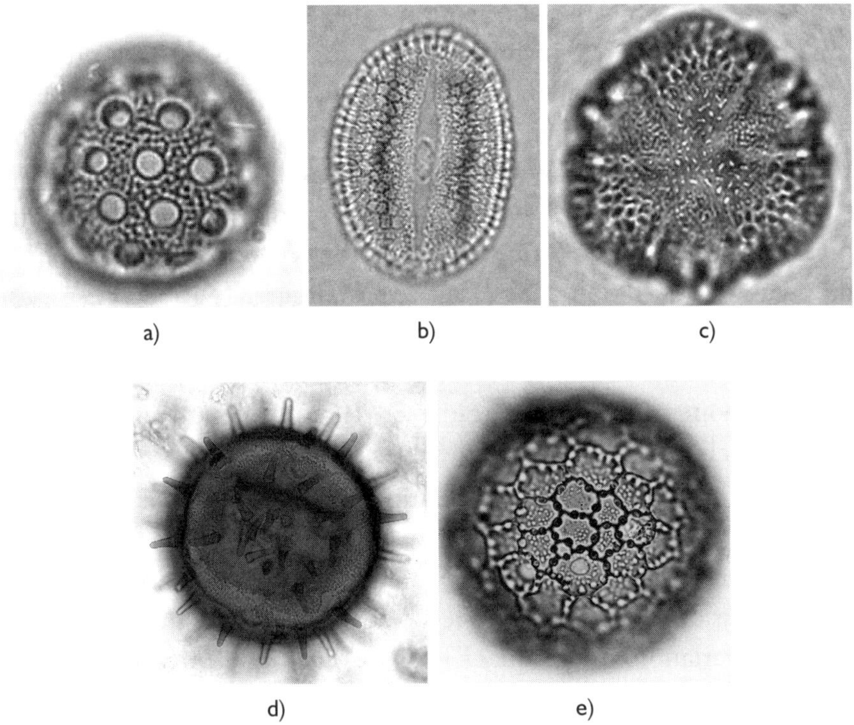

Grains de pollens et spores de différentes apparences.
a) *Achyranthes aspera*, b) *Augouardia le Testui Pellerin*, c) *Caesalpinia welwitschiana*, d) *Hibicus elatus*, e) *Ruellia patula*.
Photographie Jean-Pierre Cazet.

exemple, de petits crustacés, les ostracodes, que l'on retrouve dans les sédiments lacustres. Les variations isotopiques de leur coquille ont ainsi révélé que les variations rapides enregistrées au Groenland, il y a 11 500 puis 8 200 ans, ont également été ressenties en Europe de l'Ouest.

Enfin, il faut citer les stalagmites. Dans les grottes calcaires, présentes un peu partout dans le monde, se produit en effet un phénomène étrange capable de générer des paysages lunaires et fantastiques. L'eau des précipitations parvient dans ces cavités après un long transit à travers le sol et les roches sous-jacentes. Elle a notamment rencontré des dépôts de matière en décomposition qui l'ont chargée en gaz carbonique. Lorsqu'elle pénètre dans la grotte, dont l'atmosphère est pauvre en gaz carbonique, un rééquilibrage rapide se produit. L'eau se dégaze, se retrouve sursaturée en ions carbonate, et précipite. L'accumulation de matière précipitée forme au plafond de la grotte des stalactites, et au sol, des stalagmites. Là encore, les vitesses de dépôts sont très fortement dépendantes des conditions climatiques. Si une stalagmite présente de fines rayures horizontales, c'est que le dépôt a été régulier au fil des ans. Dans certains cas, les changements climatiques s'impriment sous forme de bandes desséchées, de calcifications, de rayures sales. Il suffit de compter ces lamines (puisque c'est ainsi qu'on les appelle) pour dater la stalagmite. Quand elles sont absentes, ce qui arrive assez souvent, c'est leur composition isotopique (oxygène 18 et carbone 13) qui nous transmet des informations portant à la fois sur le climat et l'environnement de la grotte.

On a ainsi retrouvé, sous le champ de glace Columbia en Alberta (Canada), des stalactites et des stalagmites vieilles de 350 000 ans. Alors qu'en surface, les sols étaient déformés et rendus illisibles par une succession de glaciations, ces dépôts ont enregistré en continu toutes les variations climatiques à l'abri des chamboulements extérieurs. Une veine calcaire échantillonnée dans une grotte du Nevada (États-Unis) couvre plus de 500 000 ans. Plus près de nous, la composition isotopique des stalagmites formées dans des grottes du Périgord témoigne des variations rapides du climat qui ont fortement affecté cette région au cours de la dernière période glaciaire. L'interruption de leur croissance atteste qu'un froid intense y a régné pendant de longues périodes.

Difficiles datations

Il n'est pas toujours facile de dater les archives climatiques et des erreurs de datations provoquent, nécessairement, des erreurs d'interprétation. Comment les paléoclimatologues connaissent-ils l'âge de leurs archives ? Le cas le plus simple est celui où la succession des années a laissé des traces repérables : cernes d'arbres, coraux et sous certaines conditions glaces polaires, stalagmites voire sédiments marins ou lacustres. Mais cette méthode a ses limites. Dans les glaces polaires par exemple, elle ne s'applique que dans les régions où il tombe beaucoup de neige chaque année, et elle ne permet pas d'aller au-delà de quelques dizaines de milliers d'années, quand le tassement efface les traces.

Une deuxième méthode utilise la décroissance de la quantité d'atomes radioactifs de la matière, qui se désintègrent au fil du temps. On dose ainsi le carbone 14 dans pratiquement toutes les archives (sauf les glaces polaires). Les isotopes de l'uranium et du thorium sont aussi largement utilisés en particulier dans les stalagmites et les coraux. D'autres archives peuvent être datées par thermoluminescence. Certains cristaux soumis à la radioactivité naturelle pendant des années libèrent, en effet, l'énergie accumulée sous forme de lumière lorsqu'ils sont chauffés. L'intensité lumineuse émise est proportionnelle au temps.

Horloges radioactives

Le principe de la datation au carbone 14 est le suivant. Les rayonnements cosmiques transforment l'azote (^{14}N) de l'atmosphère en carbone radioactif (^{14}C), que les êtres vivants incorporent au cours de leur vie. À leur mort, ces échanges cessent, et le ^{14}C commence à se désintégrer selon un rythme régulier. La diminution de la radioactivité peut donc faire office d'horloge nucléaire. À condition de la calibrer, c'est-à-dire connaître la radioactivité de départ, et la vitesse de décroissance. On sait que, dans un échantillon donné, 5 568 années seront nécessaires pour que la moitié des atomes de ^{14}C se désintègrent. La vitesse de désintégration est donc connue. Reste à connaître la radioactivité de départ. Elle a d'abord été considérée comme constante, mais on sait maintenant qu'elle varie. Elle dépend du flux de protons cosmiques qui est largement modulé par le champ magnétique terrestre et aussi par le champ magnétique du vent solaire. Résultat : selon les périodes, il se forme plus ou moins de ^{14}C dans l'atmosphère et, si l'on n'en tient pas compte, l'échelle de temps est faussée. Les spécialistes de cette méthode de datation sont donc amenés, pour la calibrer, à la comparer à d'autres méthodes.

La troisième méthode consiste à faire coïncider les changements climatiques avec les variations des paramètres astronomiques qui les provoquent. Elle vaut uniquement pour les enregistrements sur une grande échelle de temps, par exemple pour les sédiments marins, ou les grands forages polaires. Les glaciologues lui préfèrent toutefois une quatrième méthode : il s'agit de calculer, en théorie, l'âge de la glace qui a été ramenée à la surface en fonction de son emplacement, en sachant comment les couches de glace se sont déplacées à l'intérieur du glacier.

Enfin, autant que de connaître l'âge absolu des archives du climat, il peut être intéressant d'établir leur âge relatif. Ces méthodes, dites de corrélation, sont très diverses. On peut se servir de traces d'éruptions volcaniques présentes simultanément dans plusieurs enregistrements, ou des marques de variations caractéristiques de la composition de l'atmosphère ou de l'océan. L'utilisation de plusieurs techniques, le recoupement de diverses archives, atténue fortement les doutes quant aux datations. Et si leur précision peut parfois être remise en cause, et la chronologie des événements bouleversée, ce que nous savons des grands traits des changements climatiques (et parmi eux, le réchauffement récent) n'est pas affecté par ces incertitudes.

Les archives écrites, à prendre avec des pincettes

Analyse des coraux, dendrochronologie, sont parmi les méthodes qui nous renseignent indirectement sur le climat relativement récent. Pourtant, depuis quelques siècles, nous disposons de descriptions écrites du temps qu'il fait. Ne pourrait-on tout simplement les mettre à profit ? La démarche est tentante. Elle s'avère nettement plus complexe que ce que l'on pourrait penser. Les documents historiques donnent certes une variété de détails incomparables, sur les vents, les variations au jour le jour, les événements climatiques exceptionnels. Justement le type d'informations qui intéressent les décideurs politiques et économiques. Mais l'historien qui se penche sur la question est submergé d'informations éparses.

Quelques exemples. L'enregistrement le plus long a commencé il y a 5 000 ans, en Égypte. Les scribes égyptiens commencèrent alors à noter les hauteurs de crues du Nil sur des pierres. Dès 1750 ans avant J.-C., les habitants de la Chine actuelle gravaient sur des os des prières pour la pluie ou le soleil. Des Islandais ont tenu, entre les XVIIe et XVIIIe siècles, des annales recensant le gel de la mer et des indices de température. En Espagne, les églises tenaient à jour une comptabilité pour les rogations. Il s'agissait de processions ou de prières organisées pour demander un temps plus clément. Les observations faites lors des trajets des galions sont source d'informations sur la force des alizés et sur le phénomène El Niño. En France comme en Suisse, entre le XVe et le XIXe siècles, les dates des vendanges sont inscrites dans des registres communaux. Avant l'ouverture officielle des vendanges, l'accès aux vignes est en effet interdit pour éviter les vols. Certains observateurs notent le temps qu'il fait (fréquence et durée des gelées, jours de neige, etc.), d'autres des signes évocateurs (inondations, sécheresses, rivières gelées, mais aussi dates de floraison et de vendange, volume des récoltes, migration de certains oiseaux).

Ces données historiques nous renseignent avant tout sur des fluctuations locales et leur influence sur la vie des hommes. On a pu, par exemple, observer comment le refroidissement, qui a suivi l'optimum climatique du Moyen Âge, une période particulièrement douce, a conduit à l'augmentation vertigineuse du prix du vin dont la production s'affaiblissait en Allemagne et en Autriche, jusqu'à ce qu'il soit remplacé par de la bière.

La grande difficulté consiste à harmoniser ces données. Chaque auteur possède en effet sa propre perception d'un grand froid ou d'une sécheresse exceptionnelle. Sans compter que de nombreux chroniqueurs rapportent des faits qui leur ont été transmis et dont la fiabilité est hasardeuse. Il est donc difficile d'établir une carte générale du climat à partir de ces données éclectiques. Un tel effort de synthèse vient néanmoins d'être réalisé par une équipe de climatologues suisses qui a produit des cartes décrivant les variations de la pression sur l'Atlantique et l'Europe de l'Ouest depuis le début du XVIe siècle.

À partir du XIXe siècle, le développement des instruments de mesure climatique change la donne. Tout du moins partiellement. Certes, des réseaux nationaux de stations de mesures de la température, de la pression atmosphérique, et des précipitations se mettent en place. Mais les premières données ne sont guère homogènes. Les instruments diffèrent, les stations sont inopinément déménagées, et les mesures ne sont pas prises dans des conditions identiques. On sait, par exemple, que les températures des villes sont légèrement supérieures à celles enregistrées en campagne. Or, au cours des 50 dernières années, les villes ont gagné du terrain. Certaines stations ont donc enregistré un réchauffement notable pour la seule raison qu'elles se sont vues peu à peu englouties par la ville ! Les données océaniques ne sont pas mieux loties. Elles proviennent en grande partie de mesures réalisées par des navires marchands le long des grandes routes maritimes, alors que les océans couvrent 71 % de la surface du globe. C'est dire si la couverture géographique est inégale. Sans compter que la mesure de température n'a pas toujours été obtenue de la même façon : le résultat n'est pas le même si l'on immerge le thermomètre directement dans la mer ou dans un seau dans lequel l'eau de mer se refroidit par évaporation.

Ces dernières années, les données météorologiques enregistrées depuis un siècle ont fait l'objet d'un examen scrupuleux. Station par station, et presque thermomètre par thermomètre, les chiffres ont été homogénéisés. Des corrections appropriées permettent aujourd'hui de disposer de données comparables d'un endroit à l'autre et d'une décennie à l'autre. Des incertitudes subsistent, en particulier pour les données du XIXe siècle. Mais, que ce soit à l'échelle globale où à celle de notre pays, il n'y a aucun doute. La température de surface a connu une hausse générale au cours du XXe siècle.

Chapitre 3
Quel temps faisait-il hier ?

La Terre s'est formée il y a 4,6 milliards d'années. Aucun témoin ne subsiste de ces temps reculés. Le sol, et tout ce qu'il contient, est en effet lentement et inexorablement recyclé dans les entrailles brûlantes de la planète par la tectonique des plaques. La lithosphère, générée au niveau des dorsales océaniques, plonge dans l'asthénosphère au niveau des zones de subduction, où elle finit par fondre. Les plus vieilles roches, les sédiments d'Isua au Groenland, datent de 3,7 milliards d'années. Avant, seule l'imagination et le calcul donnent une idée du climat primordial. Après, les indices commencent à apparaître. Les derniers 100 millions d'années sont eux documentés de façon continue, avec une précision croissante à mesure que l'on se rapproche de la période actuelle.

Boule de feu et boule de neige

Au moment de la naissance de la Terre, le Soleil était encore jeune. Sa luminosité ne devait représenter que 75 % de sa valeur actuelle. Il régnait pourtant sur la planète, il y a 3 milliards d'années, une température élevée, estimée par certains à 70 °C. L'atmosphère était en effet riche du gaz carbonique exhalé par la croûte terrestre, et saturée de la vapeur d'eau des océans omniprésents. Ces gaz sont connus pour leur capacité à emprisonner la chaleur dans les basses couches de l'atmosphère, ce sont des gaz à effet de serre. Après une longue période de chaleur, il y a environ 2,3 milliards d'années, la Terre connaissait une glaciation, sans doute la première de son histoire. Des traces de roches striées, marquées par le passage d'un glacier, et datées de cette époque ont été en effet retrouvées un peu partout sur le globe. Mais la cause de cette glaciation reste mal élucidée...

Ensuite le mystère s'épaissit encore. Aucune trace de glaces n'a été reportée entre 2,3 milliards d'années et 0,9 milliard d'années avant aujourd'hui. Puis, il y a 900 millions d'années, puisqu'à partir de maintenant nous compterons en millions, débute une série de glaciations exceptionnelles. À plusieurs reprises, le globe terrestre se transforme en boule de neige. Principalement entre 760 et 700 millions d'années, et entre 620 et 590 millions d'années, les glaciers s'étendent jusqu'aux abords de l'Équateur. Pendant des millions d'années, un véritable bouclier de glace recouvre les continents et les océans. Seule une mince bande d'eau libre subsiste. Cette bande constituera pour tous les êtres vivants de l'époque (essentiellement des microbes, des algues et des champignons) un refuge salvateur. Pourtant, à peine les glaces ont-elles commencé à se retirer que la vie explose. On imagine que les survivants, qui avaient évolué séparément dans des îlots de relative chaleur, se sont mis à coloniser une quantité de biotopes différents rendus peu à peu disponibles par la fonte des glaces. Or ces biotopes sont vierges de vie, de prédateurs, de concurrents. Parmi les nouvelles espèces issues de cette explosion cambrienne, figurent les premiers animaux, des vers. L'hypothèse selon laquelle la Terre aurait été entièrement gelée, sans aucune partie de l'océan libre de glaces, a aussi ses adeptes; les algues, qui existaient avant les glaciations, se seraient alors réfugiées sous la glace, peu épaisse, des régions équatoriales.

La luminosité du Soleil a par la suite augmenté, et, le plus souvent, notre planète connaît alors un climat plus chaud qu'aujourd'hui. Les calottes glaciaires n'occupent plus que les terres situées aux latitudes élevées. Les empreintes fossiles de dunes de sable, de coraux ou de végétaux tropicaux témoignent de longues périodes chaudes et humides, que seules deux poussées glaciaires interrompent : l'une à l'Ordovicien autour de – 450 millions d'années, l'une à la fin du Carbonifère et au début du Permien, vers – 300 millions d'années. Entre – 100 et

– 50 millions d'années, le climat redevient doux. Les concentrations de gaz carbonique étant importantes, l'effet de serre joue à plein. La température moyenne est estimée à 6 °C de plus qu'aujourd'hui. La chaleur est distribuée sur tout le globe grâce à la circulation des courants marins qui brassent l'eau des océans. Il n'y a probablement pas de glaciers ni de banquise. Cette période est intéressante car elle nous décrit une planète beaucoup plus chaude que la nôtre, dont la température moyenne est proche de celle que nous pourrions connaître d'ici la fin du XXIe siècle si nous ne luttons pas contre le réchauffement. La comparaison reste cependant limitée dans la mesure où beaucoup de facteurs différents jouaient à cette époque : la disposition des continents n'avait rien à voir avec celle d'aujourd'hui, les courants marins et atmosphériques non plus, etc. Les débuts du Tertiaire (il y a 65 millions d'années) se font sous le signe de la douceur. Les prélèvements de sédiments montrent que la température des océans est encore de l'ordre de 13 à 15 °C à 1 000 m de profondeur. Puis, peu à peu, le froid gagne. Le climat devient plus contrasté, car la géographie s'est modifiée. Les hautes latitudes se refroidissent, les latitudes basses se réchauffent. Au fil des millénaires, l'Antarctique s'éloigne de l'Australie. Les températures de l'eau en profondeur diminuent de plusieurs degrés. Un courant froid et salé se forme et se met à tourner autour de l'Antarctique, ce qui l'isole des courants océaniques chauds. Ce continent commence à s'englacer. Les contrastes climatiques entre basses et hautes latitudes s'accentuent. Vers 3 millions d'années, les glaciers de montagne se développent en Islande, au Groenland, et l'océan Arctique gèle. Le décor est planté pour l'apparition des cycles glaciaires du Quaternaire.

L'homme au cœur des glaciations

C'est une curieuse coïncidence qui définit l'ère que nous vivons actuellement, le Quaternaire. Alors que les premiers hommes véritablement modernes voient le jour entre 2 et 1,8 millions d'années sous les traits de l'*Homo Ergaster*, le climat connaît de brusques variations. Des glaciations se succèdent, dont le rythme et l'amplitude évoluent.

La périodicité des débuts, d'environ 40 000 ans, s'allonge peu à peu à 100 000 ans. À l'intérieur d'un tel cycle, le froid prédomine. Depuis environ 400 000 ans, les amplitudes de température sont plus marquées. Ces variations climatiques ont rythmé l'évolution de l'espèce humaine.

Les os d'animaux et les pollens décrivent le paysage de ces périodes froides. Lors du dernier maximum glaciaire, il y a 20 000 ans, le sol d'Europe est en partie gelé. En France, les sombres chênaies qui couvraient les plaines lors de l'interglaciaire précédent, minées par le manque d'eau et le froid, ont dépéri. Seule végétation encore présente, les mousses et les lichens constituent le repas des rennes. Leurs troupeaux côtoient les bisons, les mammouths et les renards polaires. Durant l'hiver, les températures flirtent régulièrement avec les – 30 °C. Les pingouins et les phoques se baignent en Méditerranée. Les saïgas, des antilopes que l'on trouve aujourd'hui dans les steppes de l'Oural, et les bœufs musqués que l'on rencontre dans les régions côtières du Groenland, se plaisent alors sur la côte d'Azur. Plus au nord, les glaciers s'étendent jusqu'à l'Écosse et au nord des Pays-Bas. Les calottes glaciaires, épaisses pour certaines de plus de 3 000 m, recouvrent le Groenland, l'Amérique du Nord, une partie de la Scandinavie et la Sibérie. Ces glaces représentent plus de 50 millions de km^3, soit près du double de la calotte Antarctique, qui, elle, n'a guère rétréci depuis. Tant d'eau emprisonnée dans les glaces a abaissé d'une centaine de mètres le niveau des océans, dévoilant des terres jusqu'ici inondées. La Manche est à sec, l'Angleterre rattachée au continent, et les rivages de l'Atlantique sont éloignés de 100 à 200 km par rapport à ceux d'aujourd'hui. Pour les habitants du continent africain, berceau de l'humanité, de nouvelles routes se découvrent vers le nord. L'Europe du Sud et ses troupeaux de rennes attirent les émigrants. Car il ne fait pas bon vivre sous les Tropiques pendant les glaciations. Les forêts tropicales ne résistent pas à la sécheresse qui s'installe. La savane reprend le dessus, les déserts s'étendent, occupant une surface supérieure à celle d'aujourd'hui. En fait, le climat n'était guère plus froid qu'aujourd'hui sur la majeure partie

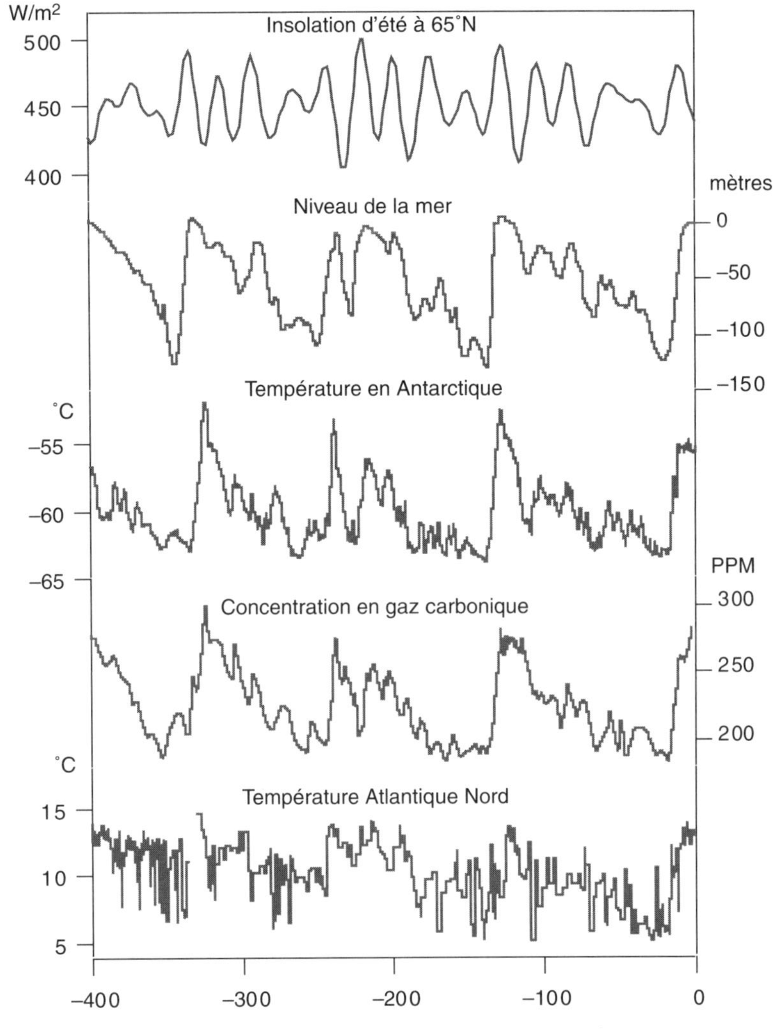

Variations de l'insolation d'été à 65° N en W/m^2, du niveau de la mer, de la température en Antarctique, de la concentration en gaz carbonique et la température en Atlantique Nord de 0 à – 400 000 ans.

Les variations du niveau de la mer (b), de la température en Antarctique (c) et de la concentration en gaz carbonique dans l'atmosphère (d) sont dominées par un cycle d'environ 100 000 ans, et à un moindre degré par des cycles de 20 000 et de 40 000 ans qui sont très marqués dans les variations de l'insolation d'été à 65°N (a). La température en Antarctique (c) et la concentration en gaz carbonique (d) sont remarquablement corrélées depuis 400 000 ans. L'Atlantique Nord (e) est caractérisé par des variations rapides de température.

des régions équatoriales et tropicales. Et malgré le froid sibérien qui régnait l'hiver à nos latitudes, la température moyenne de la planète n'était, au dernier maximum glaciaire, que d'environ 5 °C plus basse que celle du XXe siècle. Un chiffre à garder en mémoire lorsque nous évoquerons le réchauffement auquel nous risquons de devoir faire face à l'horizon 2100…

Mais ces périodes froides, et notamment la dernière période glaciaire, ne sont pas stables. Et si l'on s'écrie souvent aujourd'hui qu'il n'y a plus de saisons, nos ancêtres auraient eu de très bonnes raisons de faire de même ! Au cours de la dernière période glaciaire, on a retrouvé pas moins de 24 sursauts climatiques. Sur quelques décennies, parfois moins, l'atmosphère s'est fortement réchauffée, la distribution des vents et des précipitations s'est trouvée chamboulée. Un refroidissement, qui s'étalait plus lentement sur quelques centaines d'années et se terminait plus rapidement, venait alors clore ce sursaut climatique. De tels épisodes ont été appelés « événements de Dansgaard-Oeschger ». Ils étaient particulièrement marqués dans l'Atlantique Nord. Au Groenland, le réchauffement a parfois atteint 16 °C ! Et si les habitants de l'Europe de l'Ouest ont sans doute été les plus éprouvés par cette valse climatique, ils ont laissé des traces sur une large partie de la Planète.

Vivre au rythme des glaciations

On peut penser que l'Homme a eu bien peu de chance d'apparaître sur Terre à cette époque. Peut-être aussi les variations climatiques ont-elles conduit à la sélection naturelle d'espèces inventives et capables de s'adapter. En poussant l'Homme à voyager en suivant les troupeaux, à se protéger du froid, elles auraient participé à son développement. Ce qui est certain, en revanche, c'est qu'elles ont modelé son histoire.

L'*Homo Ergaster* est semble-t-il apparu en Afrique au début de l'ère Quaternaire. Il sera le premier hominidé à quitter le continent, à la faveur des glaciations. En abaissant le niveau de la mer, celles-ci ouvrent des passages. C'est ainsi qu'il y a –1,7 million d'années on retrouve des hommes modernes en Géorgie, il y a – 1,3 million d'années dans le sud de l'Espagne, il y a – 800 000 ans en Italie, il y a – 600 000 ans en Allemagne. L'Homme s'avance dans les régions septentrionales pendant les périodes interglaciaires, suivant les troupeaux de rennes. Il se replie ensuite vers le sud de l'Europe lorsque les glaciers gagnent du terrain. La domestication du feu viendra changer la donne. Elle lui permet de pénétrer dans les régions froides dès – 400 000 ans, voire de vivre sur un sol gelé en permanence, comme en témoignent des restes de campements en Ukraine.

Le radoucissement intervient il y a environ 11 000 ans; il marque le début de la période interglaciaire actuelle, l'Holocène. La forêt revient, les sangliers et les cerfs aussi. La disparition du renne, qui fuit les régions méditerranéennes, provoque la ruine de la culture magdalénienne, basée sur la chasse de cet ongulé. Mais elle permet la naissance de l'agriculture et de l'élevage. Les cochons, moutons, chèvres et chiens domestiques font leur apparition. L'Homme se sédentarise, et commence à modifier son milieu. Il marque le paysage. Les forêts primaires, défrichées, laissent place à la garrigue. Mais à cette époque, son action est encore loin d'être irréversible.

L'Holocène : stabilité et soubresauts

À l'échelle de l'histoire de la Terre, le climat a ainsi toujours varié, soumis à diverses influences. Entre grands cycles glaciaires et surprises climatiques, notre ère, le Quaternaire, tient le haut du pavé en terme de variabilité. La fin du Quaternaire, l'Holocène, est une période plus stable. Mais ce n'est pas pour autant le calme plat… Il y a 8 200 ans par exemple, sans crier gare, un coup de froid saisit la Planète pendant quelques décennies, avant un rapide retour aux conditions antérieures. L'événement dure à peine 200 ans. Il est suivi, jusqu'à il y a 6 000 ans, par une période particulièrement clémente : l'optimum climatique. En Europe de l'Ouest, les températures dépassent de 2 à 3 °C les moyennes actuelles. Au Sahara, des précipitations importantes élèvent le niveau des lacs et arrosent une terre verte et arborée. Des peintures rupestres étonnantes témoignent de ce passé climatique humide. Depuis, la température globale a peu varié, mais les courants atmosphériques et la répartition des précipitations ont fluctué.

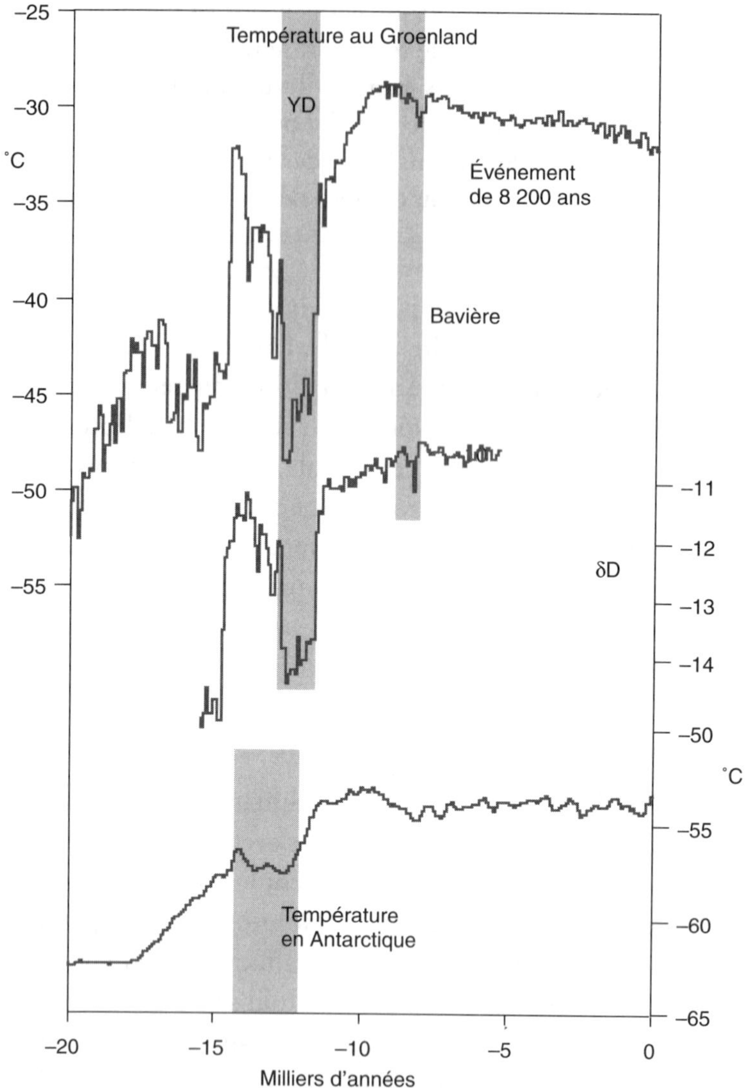

Courbes montrant trois enregistrements climatiques décrivant les 20 000 dernières années. GRIP (au Groenland), Bavière et Ammersee.

Cette figure couvre la dernière déglaciation et l'Holocène. Elle illustre l'existence de variations rapides et importantes au Groenland, par exemple, à la fin du Younger-Dryas (YD), il y a 11 500 ans. Ces variations rapides ont également été ressenties en Europe de l'Ouest (lac d'Ammersee en Bavière) mais sont moins rapides en Antarctique. L'événement à 8 200 ans est clairement marqué au Groenland et en Bavière mais de taille modeste par rapport au Younger-Dryas.

Bien que beaucoup plus anciennes dans certains pays comme la Chine, ce n'est qu'à partir du dernier millénaire que les archives historiques ont permis d'établir un relevé assez fiable du climat récent. Il apparaît alors que dans des intervalles de temps de l'ordre de la dizaine d'années, nos pays ont connu des changements climatiques assez sévères. Entre 900 et 1300 par exemple, pendant ce que l'on appelle l'optimum climatique du Moyen Âge, la vigne prospérait en Angleterre. C'est à cette époque que le Viking Erik Le Rouge, profitant des voies maritimes dégelées, découvrit le sud du Groenland ou « Terre verte ». Cette période est suivie d'un petit âge glaciaire entre 1450 et 1850 en Europe, au cours duquel la colonie groenlandaise est coupée de sa métropole. Le gel hivernal affecte les fleuves jusqu'en Italie, et les glaciers alpins s'avancent dans les vallées. Les hivers, longs et rigoureux, ont fait les délices de Breughel l'Ancien, qui les a peints avec précision. On estime qu'en France, le refroidissement a été à l'époque voisin de 1 °C mais qu'il a pu atteindre 3 à 4 °C dans des régions plus septentrionales comme la Hollande. Depuis, le climat n'a cessé de se réchauffer.

Si ces données sont très parlantes pour l'historien, elles s'avèrent peu utiles pour le paléoclimatologue. Leur couverture géographique limitée et leur interprétation délicate ne disent pas comment a évolué la température moyenne de la planète au cours du dernier millénaire. Pour y parvenir, l'Américain Michaël Mann et ses collaborateurs ont dû faire preuve d'ingéniosité, et combiner les données tirées des archives naturelles capables d'enregistrer le temps qu'il a fait année par année : des cernes d'arbres sur les continents, des coraux dans l'océan, des glaces polaires dans les régions où les couches sont plus ou moins affectées par la fonte estivale, des sédiments lacustres ou marins, des stalagmites. L'exercice vaut essentiellement pour l'hémisphère Nord, où les séries climatiques sont plus nombreuses (on y trouve à la fois plus de terres émergées et plus de laboratoires impliqués dans de telles reconstructions paléoclimatiques). Mann et ses collègues ont ainsi tracé la courbe des températures moyennes depuis 1 000 ans dans l'hémisphère Nord. La température moyenne décroît légèrement de l'an mille jusqu'à la fin du XIXe siècle, remontant à l'optimum médiéval entre les XIe et XIVe siècles et s'affaissant pendant le Petit Âge Glaciaire entre le XVe et le XIXe siècles. Les variations globales de températures associées sont cependant très faibles. Alors que le Petit Âge Glaciaire s'est traduit, en Europe, par un refroidissement marqué pendant plusieurs décennies, sa signature à l'échelle de l'ensemble de l'hémisphère Nord n'est que de quelques dixièmes de degré. Les différentes régions de l'hémisphère Nord n'ont effectivement pas été affectées de la même façon, ni au même moment. Les incertitudes associées à cette estimation restent très importantes, et la reconstruction du climat du dernier millénaire fait toujours couler beaucoup d'encre.

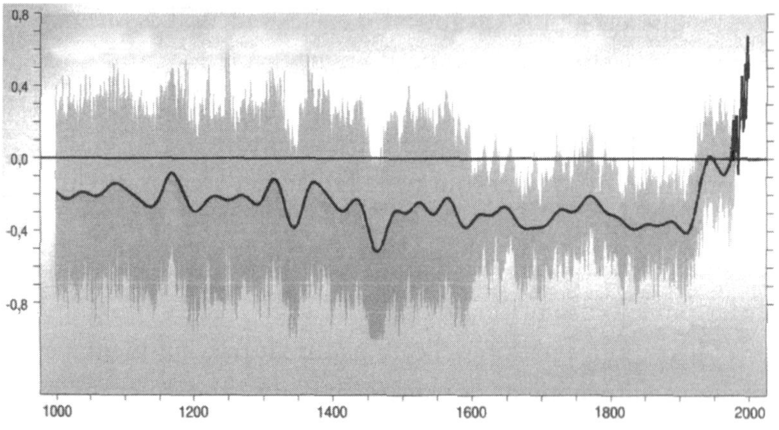

Variations de la température à la surface de la Terre (dans l'hémisphère Nord) pour les 1 000 dernières années (incertitudes en grisé) avec pour les 100 dernières années, les données instrumentales.
Source GIEC.

Le siècle dernier

Le siècle dernier reste bien entendu le plus documenté. Le réseau de stations météorologiques était alors devenu suffisamment dense pour permettre d'établir des cartes de la variation de température dans les différentes régions du globe. L'évolution climatique de la Planète au

XXe siècle est le plus souvent résumée par un chiffre emblématique : + 0,6 °C.

Cette valeur décrit l'anomalie moyenne de température observée sur le XXe siècle à la surface de la Terre. Mais que veut-elle dire ? Tient-elle compte des déserts, des montagnes, des océans pour lesquels peu de mesures existent ? Que signifie-t-elle au niveau local ? La méthode de calcul de la moyenne globale de température en surface a été élaborée par le climatologue anglais Phil Jones, de l'université d'East Anglia, à la fin des années 1970 et par l'équipe de Jim Hansen de la NASA à New York. Phil Jones proposait alors de couvrir le globe d'un filet imaginaire, d'un maillage de 5° de longitude par 5° de latitude et de définir ainsi 2 592 boîtes de taille différente (plus elles sont proches des Pôles, plus leur surface est petite). Dans chacune d'elles il s'agissait alors de rechercher les données journalières disponibles et d'en faire la moyenne annuelle. Cette moyenne était comparée à la moyenne sur trente ans déterminée dans cette même boîte, la différence entre les deux donnant un nombre appelé « anomalie annuelle ». Les 30 années de référence ont d'abord été la période 1951-1980, puis 1961-1990. En veillant à pondérer l'anomalie de chaque boîte par sa surface, Jones a fait ensuite la moyenne des anomalies calculées dans chacune d'elles, pour estimer l'anomalie annuelle de température sur chaque hémisphère.

Le principe du calcul semblait simple, mais l'appliquer était une autre paire de manches. Car peu de stations disposent d'archives continues et homogènes sur un siècle. La dispersion irrégulière des points de mesure pose également problème. Seules l'Europe et l'Amérique du Nord disposent de données fiables depuis le XIXe siècle. En Asie, en Antarctique, en Sibérie, elles ne sont disponibles que depuis les années 1950. Enfin, les mesures en mer ne sont abondantes que le long des voies de navigation commerciale. Le Pacifique Sud s'en trouve quasiment oublié. Malgré ces imperfections, la méthode donne des résultats cohérents, jamais démentis alors même que le nombre de données disponibles connaît une croissance phénoménale depuis le début du XXe siècle. Vers le milieu des années 1980,

Jones estime à partir des données de 1 873 stations continentales que la moyenne du réchauffement sur les deux hémisphères est de + 0,45 °C. Ces données sont comparables à celles obtenues par d'autres chercheurs qui emploient des méthodes différentes. Pourtant, seules 680 boîtes du maillage planétaire, soit 31 % des terres émergées, contiennent des données. En 2003, plus de 3 000 stations nouvelles, dont des stations marines, ont été ajoutées pour effectuer le calcul. Ces améliorations successives changent peu le résultat. Si le réchauffement global en surface passe de 0,45 °C à 0,6 °C, cette différence est largement liée au réchauffement marqué de la dernière décennie.

Les données climatiques françaises toilettées

Prenez les moyennes annuelles des températures maximales quotidiennes telles qu'elles ont été enregistrées en France au XXe siècle. Surprise : la France aurait connu un refroidissement de 1,2 °C depuis un siècle. Notre pays échapperait-il au réchauffement global ? Non. Car les données brutes sont faussées. À lui seul, le type d'abri utilisé pour couvrir les appareils de mesure jusqu'en 1896 pouvait, par exemple, engendrer une incertitude de 2 °C ! Les séries enregistrées montrent d'ailleurs des ruptures significatives. Toutes correspondent à des changements d'instruments, de méthode de lecture, à un déplacement des stations ou à un changement de leur environnement immédiat. En 2000, Météo-France a revu toutes ses données. Une fois corrigées, elles dressent un diagramme fort différent. La France a vu sa température moyenne augmenter plus rapidement que la moyenne mondiale au cours du XXe siècle. Elle a augmenté de 0,9 °C en moyenne, et de manière plus marquée dans le Sud-Ouest du territoire. Comme ailleurs, les températures minimales croissent plus vite que des températures maximales, de 1,2 °C pour les premières contre 0,6 °C pour les secondes. L'amplitude diurne de la température se réduit particulièrement dans la moitié nord.

Nous sommes donc aujourd'hui à une période charnière. L'évolution naturelle du climat devrait nous conduire vers une nouvelle glaciation atteignant son intensité maximum dans quelques dizaines de milliers d'années. Mais l'Homme ne devient-il pas, à travers ses

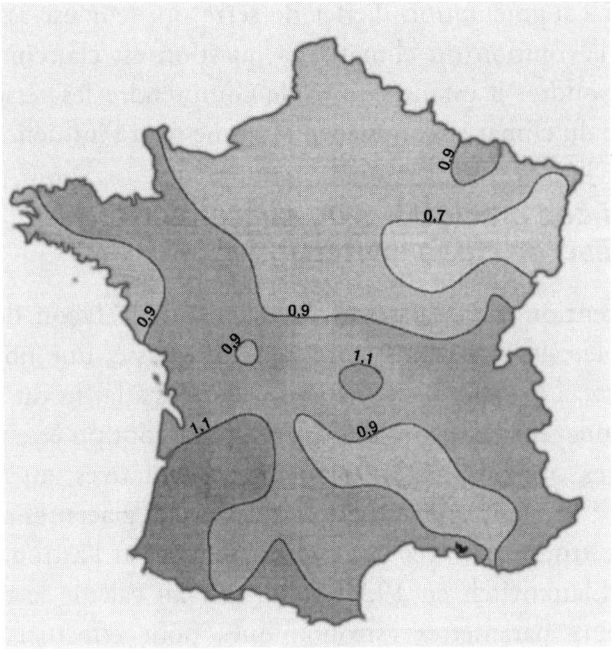

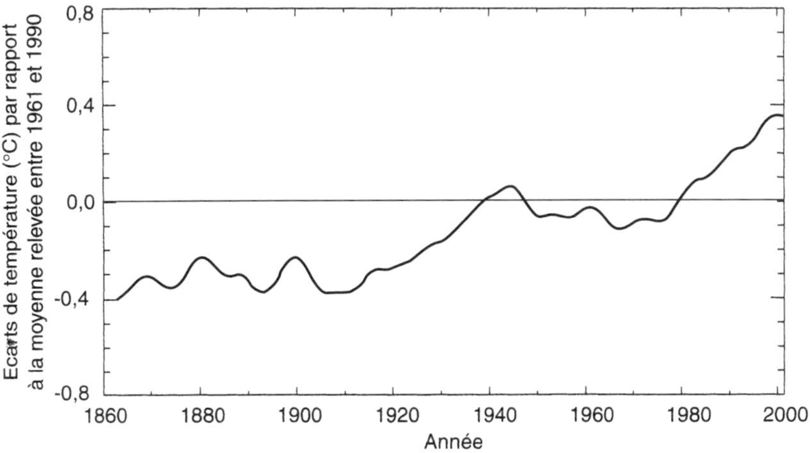

A) Le réchauffement en France métropolitaine au cours du XXe siècle (Source Météo-France).
B) Température moyenne globale de la Terre de 1860 à 2000, par rapport à la moyenne relevée entre 1961 et 1990 (Source GIEC).

activités et l'augmentation d'effet de serre qui leur est associée, un acteur de l'évolution du climat ? La question est clairement posée. Pour y répondre, il est nécessaire de comprendre les ressorts de la mécanique du climat et comment l'Homme peut l'influencer.

Pourquoi ces glaciations du quaternaire : l'hypothèse de Milankovitch

Avec l'obtention d'enregistrements décrivant de façon de plus en plus complète les variations climatiques du passé, une nouvelle ère s'est ouverte. Les différentes théories élaborées à la fin du XIXe siècle pour expliquer les variations des climats passés ont pu être testées sur des données concrètes. Dès les premières tentatives, au milieu du XXe siècle, il apparaît que les périodes des cycles glaciaires coïncident de manière troublante avec des chiffres alignés par l'astronome serbe Milutin Milankovitch en 1924. Celui-ci avait calculé le temps mis par plusieurs paramètres astronomiques pour effectuer un cycle complet.

Suivant la trajectoire de la Terre autour du Soleil, les différentes régions terrestres se voient en effet ensoleillées différemment tout au long de l'année. Cette trajectoire, elliptique, n'est pas toujours identique. Elle se déforme sous l'effet de l'attraction exercée par la Lune et les autres planètes du système solaire, dont la position respective change avec le temps. Milankovitch distingue trois types de variations de la trajectoire terrestre. Le premier, c'est l'excentricité, c'est-à-dire le degré d'aplatissement de l'ellipse. Elle varie de quasiment 0 % (l'orbite terrestre est alors à peu près circulaire) à environ 6 %. De nos jours, l'excentricité de l'orbite terrestre avoisine les 1,7 % et la Terre est plus proche du Soleil en décembre qu'en juillet. Les calculs de Milankovitch montrent que l'excentricité terrestre varie selon deux périodes de 400 000 et 100 000 ans.

Le second paramètre est l'obliquité qui désigne l'inclinaison de l'axe Nord-Sud de la Terre par rapport au plan de son orbite. Cette inclinaison vaut aujourd'hui 23°27′ mais cette valeur varie sur une fourchette de 2°30′. Lorsque l'inclinaison de la Terre atteint son maximum, les pôles reçoivent davantage de rayonnement solaire en été, d'où des étés chauds et des hivers froids aux hautes latitudes. Lorsque l'obliquité est minimale, étés et hivers sont plus modérés. Milankovitch avait calculé que l'obliquité terrestre suit un cycle de 41 000 ans.

Enfin, l'astronome s'intéresse également à la précession des équinoxes. Ce terme un rien barbare désigne le fait que l'équinoxe, ce moment de l'année où le Soleil coupe l'équateur céleste et où jour et nuit affichent une durée égale, se déplace le long de l'orbite au fil des ans. Cela revient à dire que la position de la Terre sur l'ellipse à un moment précis de l'année varie. Il y a 11 000 ans, par exemple, la Terre passait par le point le plus proche du Soleil (son périhélie) le 22 juin, au moment du solstice d'été. Aujourd'hui, elle y passe le 22 décembre, au moment du solstice d'hiver. Il en résulte des variations d'insolation saisonnière sur l'ensemble de la Terre pouvant atteindre 20 %. Par exemple, il y a 125 000 ans un été parisien bénéficiait de 458 Watts/mètre carré. Mais 11 000 ans plus tard, il n'en recevait plus que 385. Aujourd'hui, il en reçoit 411. La précession des équinoxes suit deux périodicités d'environ 19 000 et 23 000 ans.

Pour Milankovitch, les variations de ces trois paramètres de l'orbite terrestre modulent la distribution de l'énergie solaire selon la latitude et la saison, et ainsi sur le climat. L'insolation estivale des hautes latitudes jouerait un rôle crucial dans l'installation d'une glaciation. Des étés froids favorisent, en effet, le maintien de la couverture neigeuse dans ces régions sur toute l'année et permettent ainsi l'entrée en glaciation. C'était le cas, par exemple, il y a 115 000 ans, période pour laquelle l'insolation d'été à 65°N était particulièrement faible. Cette théorie explique remarquablement bien pourquoi les grandes glaciations du Quaternaire affectent essentiellement l'hémisphère Nord : c'est que, dans l'hémisphère Sud, à ces mêmes latitudes, il n'y a quasiment que de l'océan, ce qui rend l'accrochage de nouvelles calottes difficile.

Lorsqu'elle a été émise, et pendant de longues décennies, l'hypothèse selon laquelle ces cycles contrôleraient la succession des périodes glaciaires et interglaciaires passait pour farfelue. Mais, dans les années 1970, des analyses de sédiments marins conduites par Jim Hayes, John

A)

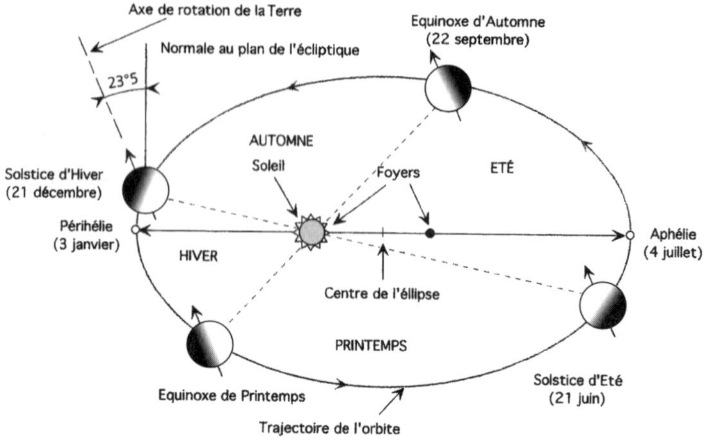

B)

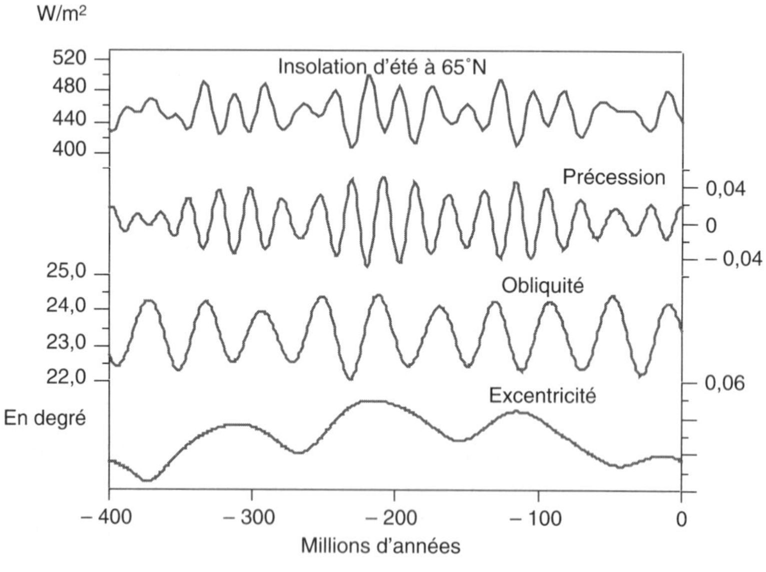

A) Position de la Terre au cours des différentes saisons, des solstices et des équinoxes. (Source C. Pomerol et al. Éléments de géologie, 12e édition, éditions Dunod).
B) Insolation d'été, précession des équinoxes, obliquité, excentricité de l'ellipse tracée par la Terre autour du Soleil.
Les variations de la précession (b), de l'obliquité (c) et de l'excentricité (d) sont marquées par des cycles respectifs voisins de 20 000, 40 000 et 100 000 ans. Les trois paramètres astronomiques donnent le tempo du retour cyclique des glaciations du Quaternaire. Les variations d'insolation (ici insolation d'été à 65°N, courbe du haut) sont fonction de ces trois paramètres orbitaux.

Imbrie et Nick Shackleton sont venues apporter la preuve magistrale de la solidité de la thèse de l'astronome serbe : les périodicités correspondant à l'obliquité et à la précession sont bel et bien présentes dans les enregistrements océaniques. L'affaire était-elle entendue ? Pas entièrement. Car si le rôle clé des changements d'insolation est aujourd'hui admis, la théorie de Milankovitch n'explique pas tout. Notamment pas pourquoi, depuis la seconde moitié du Quaternaire, les glaciations reviennent à peu près tous les 100 000 ans. Ni pourquoi, au début du Quaternaire, le retour se faisait plutôt tous les 40 000 ans. Ni pourquoi la transition la plus importante, qui a eu lieu il y a un peu plus de 400 000 ans, a pris place à une période où le changement d'insolation était minimal. Et encore moins pourquoi ces glaciations étaient quasiment absentes de l'hémisphère Nord avant 1,8 million d'années, alors que les paramètres astronomiques ont peu changé durant les dix derniers millions d'années…

Un climat sous influences… multiples

Il existe donc d'autres rouages à prendre en compte. À vrai dire, pour le lointain passé, presque toutes les théories avancées au début du XIXe siècle pour expliquer les variations climatiques contiennent une part de vérité. Mais, suivant les époques géologiques, certaines prennent le pas sur d'autres. La distribution des terres émergées a sans doute joué un grand rôle dans l'importance relative des différents paramètres. La Pangée, le continent unique des origines, n'a commencé à se fragmenter que récemment… C'était il y a 200 millions d'années, pendant le Jurassique. Peu à peu, des océans, des bras de mer et des langues de terre se sont formés. Ce morcellement a profondément modifié la circulation des courants océaniques et des masses atmosphériques au-dessus de ces terres. La calotte Antarctique a commencé à se former il y a un peu plus de 30 millions d'années quand ce continent s'est suffisamment éloigné de l'Amérique du Sud et de l'Australie pour qu'un courant maritime froid l'encercle et l'isole. À la fin du Tertiaire, quand l'Amérique du Sud se soude à l'Amérique du Nord, l'isthme de Panama nouvellement formé coupe les échanges entre l'Atlantique et le Pacifique. La rupture accentue les contrastes climatiques. De nouveaux courants, comme le Gulf stream, se mettent en place. La calotte groenlandaise se forme il y a 2,5 à 3 millions d'années. Cette nouvelle configuration terrestre s'avère propice à l'installation des glaciations, les climats étant d'autant plus contrastés que les masses continentales sont proches des zones polaires.

Eruption paroxysmale au cratère du volcan Etna (Sicile).
La colonne de magma émise ici fait plus de 1 000 m de haut.
Photographie Dominique Decobecq.

Autre conséquence non négligeable de la tectonique des plaques : l'élévation des montagnes. Celle-ci conduit les masses d'air à modifier leur trajet autour du globe, et induit des contrastes de températures. Les reliefs alpins, qui continuent de s'élever, font, par exemple, obstacle à la circulation des masses d'air. Le changement de morphologie des bassins maritimes provoque de la même manière une redistribution des courants océaniques. La circulation des fluides, eau de mer ou air, est une composante essentielle du climat. L'influence des éruptions volcaniques est également avérée, même si ses effets restent ponctuels. L'éruption du Pinatubo (Indonésie) en 1991 a ainsi fait baisser la température globale de façon significative pendant au moins deux ans. Des éruptions longues et massives, comme celles qui ont allumé le plateau du Deccan (Inde) auraient pu, selon certains, provoquer un refroidissement suffisant pour expliquer la disparition des dinosaures, il y a 65 millions d'années. Même il s'agit d'événements exceptionnels (pendant 100 000 à 200 000 ans, l'activité volcanique indienne aurait recouvert de lave 2,6 millions de km^2 !) beaucoup d'arguments penchent cependant en faveur de l'hypothèse d'un impact d'une météorite géante…

À une échelle de temps plus vaste, l'effet de serre a également joué un rôle. Il semble en effet qu'à certaines époques, la concentration de gaz carbonique dans l'atmosphère ait été jusqu'à 15 fois plus élevée qu'actuellement ! Mais d'où venaient ces quantités monstrueuses de gaz carbonique, en l'absence de toute activité humaine ? Du sous-sol, grand assimilateur de carbone. Aujourd'hui, ces stocks souterrains de carbone sont stables. L'érosion, qui dissout le gaz carbonique sous forme de carbonates, compense à peu près les émissions volcaniques qui en rejettent dans l'atmosphère. Mais ce ne fut pas toujours le cas, notamment à des périodes où l'activité volcanique de la Terre était intense. C'est ainsi que le Crétacé (il y a environ 100 millions d'années) aurait connu des concentrations en gaz carbonique de 4 à 6 fois plus élevées que celles que nous connaissons de nos jours, ce qui en aurait fait une période nettement plus chaude que la nôtre. Et c'est encore à l'effet de serre du gaz carbonique que l'on fait appel pour expliquer que malgré un Soleil un peu pâlot au tout début de l'histoire de notre planète, celle-ci n'était probablement pas plus froide qu'aujourd'hui. Enfin, l'effet de serre explique particulièrement bien pourquoi la Terre s'est retrouvée, à un moment de son histoire, entièrement recouverte de glace. L'évocation d'une Terre « boule de neige » est en effet surprenante. Mais les arguments avancés sont bien étayés. À l'époque, le Soleil rayonnait une énergie inférieure de 6 % à celle d'aujourd'hui et les continents étaient regroupés aux basses latitudes. Voilà pour le décor. La suite est une histoire de machine qui s'emballe. À mesure que les glaces progressent vers l'Équateur, elles renvoient de plus en plus d'énergie solaire vers l'espace. De moins en moins de rayons solaires atteignent le sol. Les glaces progressent, la Planète s'englace de plus en plus. Dans ces conditions, le plus surprenant reste sans doute que notre planète ait pu s'en sortir. Le retournement de la situation doit sans doute beaucoup à l'effet de serre. Sur une Terre complètement englacée, l'érosion, ce piège à gaz carbonique, est stoppée. En revanche, le volcanisme reste actif et continue à émettre du gaz carbonique. Il s'est donc accumulé jusqu'à ce que l'effet de serre prenne le pas sur le pouvoir réfléchissant d'une planète toute blanche. Cette explication requiert cependant des concentrations en gaz carbonique phénoménales : certains spécialistes citent des valeurs 350 fois supérieures à celles d'aujourd'hui... ; d'autres font appel au méthane. Quoi qu'il en soit il semble bien que l'effet de serre peut, dans certaines conditions, supplanter tous les autres facteurs capables d'influencer le climat.

Même quand il n'est pas prépondérant, l'effet de serre ne doit pas être négligé. L'analyse des bulles d'air piégées dans les glaces de Vostok a mis en évidence une relation étroite entre l'effet de serre et la température en Antarctique. Au cours des 420 000 dernières années, gaz carbonique, méthane et climat évoluent de concert. Les concentrations du gaz carbonique montent ainsi de 40 % pendant les périodes chaudes par rapport aux périodes glaciaires. Mais que l'on ne s'y trompe pas. Cette relation effet de serre/climat ne remet pas en cause le rôle clé des changements d'insolation. Au contraire, l'empreinte des fréquences orbitales est tout aussi fortement marquée dans les archives climatiques. C'est bien la position de la Terre sur son orbite qui est le métronome des grandes glaciations du Quaternaire, l'effet de serre intervenant comme l'un des amplificateurs des changements d'insolation. En moyenne globale la température de la planète a augmenté d'environ 5 °C depuis le Dernier Maximum Glaciaire, dont environ 2 °C peuvent être attribués à l'augmentation du gaz carbonique et du méthane, et aux rétroactions rapides du climat qui y sont associées.

D'autres facteurs sont nécessaires pour expliquer l'existence des variations rapides découvertes dans les glaces du Groenland puis dans les sédiments de l'Atlantique Nord. On sait aujourd'hui que ces variations ont affecté l'Europe de l'Ouest et, peu ou prou, une large partie de la planète. Or celles-ci échappent à une explication astronomique et pas moyen, non plus, de les relier à des variations de l'effet de serre. Elles sont attribuées à l'arrivée massive d'eau douce résultant de la fonte d'énormes icebergs formés à la suite d'instabilités des calottes polaires qui, à force de grossir, débordent des continents auxquels elles sont accrochées. Les volumes libérés dans l'océan sont énormes, de l'ordre du million de kilomètres cubes. La circulation océanique de l'Atlantique Nord, caractérisée de nos jours par un courant de surface, le Gulf Stream, qui amène les eaux depuis les Tropiques jusqu'en mer de Norvège où elles plongent pour former des eaux profondes, en est complètement bouleversée. L'arrêt puis la remise en route du Gulf Stream fournissent une explication plausible des changements rapides observés tout au cours de la dernière période glaciaire.

Qu'en est-il du climat plus récent ? Au cours du dernier millénaire, les variations de température (associées par exemple à l'Optimum Médiéval ou au Petit âge Glaciaire) sont peu marquées à l'échelle planétaire. Elles peuvent être expliquées, en partie, par les variations de l'activité du Soleil, légèrement plus élevée au XIIe siècle qu'à la fin du XVIIIe siècle, et par celle des volcans. C'est ainsi que 1816, l'année de l'explosion du volcan indonésien du Tambora, a été surnommée « l'année sans été ». À partir de ces années-là, l'effet de serre, qui était resté à peu près constant, se met à augmenter à cause des activités humaines. Soleil et volcans vont continuer à jouer un rôle mais, en termes d'énergie, cet effet de serre additionnel va rapidement prendre le dessus. Au XXe siècle, effet de serre et température augmentent. Il n'est cependant pas si simple d'affirmer qu'il y a là une relation de cause à effet. L'Homme est-il, par ses activités émettrices de gaz à effet de serre, déjà responsable du réchauffement que nous avons vécu depuis le début du XXe siècle, ou ce réchauffement reste-t-il explicable par la variabilité naturelle du climat ? La question est posée.

Partie II

L'Homme sur le banc des accusés

Chapitre 4
Les premiers soupçons

Voilà maintenant plus d'un siècle, Svante Arrhenius soupçonnait déjà les activités humaines d'influencer le climat. Selon lui, les quantités de gaz carbonique rejetées par l'industrie devaient conduire l'atmosphère à emprisonner la chaleur dégagée par le globe terrestre. Un phénomène qu'il compare à l'effet d'une serre…

L'effet de serre

La planète Terre peut être vue comme un vaste échafaudage de plusieurs compartiments : la terre solide, les océans et les continents avec la vie qu'ils portent au sein de la biosphère terrestre et marine, la cryosphère qui inclut les calottes polaires, la glace de mer mais également les sols gelés en permanence (pergélisol). Cet ensemble de compartiments est enveloppé par l'atmosphère.

Portrait de l'atmosphère

La diffusion de la lumière solaire lui donne une belle couleur bleutée, et elle est piquée de nuages. L'atmosphère est une enveloppe extrêmement ténue, d'une épaisseur de quelques dizaines de kilomètres. Seule la troposphère (elle s'étend du sol jusqu'à des altitudes de 10 à 15 km) abrite des êtres vivants. Les phénomènes atmosphériques, les courants aériens, se développent dans la troposphère et au-dessus, dans la stratosphère (entre 10 et 50 km). La limite entre la troposphère et la stratosphère s'appelle la tropopause.

L'atmosphère est particulièrement fragile. Sa composition chimique reflète largement les émissions naturelles et anthropiques à la surface de la Terre. L'azote y est majoritaire, puisqu'il compte pour 78 % des molécules d'air sec, mais le second constituant essentiel est l'oxygène, qui résulte directement de l'équilibre entre la photosynthèse et la respiration. L'oxygène représente 21 % des molécules d'air sec. L'argon, un gaz inerte (qui ne réagit pas) compte pour 0,9 %. Le reste, soit environ une molécule sur mille, est composé de gaz divers à l'état de traces, vapeur d'eau (H_2O), gaz carbonique (CO_2), méthane (CH_4), oxyde nitreux (N_2O), ozone (O_3), etc. S'ils sont peu importants en nombre, ces éléments ne sont pas négligeables. Ils possèdent en effet des propriétés optiques remarquables. Prenez l'ozone. Cette molécule, composée de trois atomes d'oxygène alors que l'oxygène que nous utilisons pour respirer n'en contient que deux, se concentre à 25 km d'altitude. Elle ne représente que 4 à 6 parties par million (ppm) des molécules entre 20 et 40 km d'altitude dans la stratosphère. Mais, comme elle possède la particularité d'absorber les rayons ultraviolets solaires capables de détruire les molécules du vivant, la couche d'ozone protège la vie sur Terre. Elle forme un véritable bouclier contre les rayonnements mortels du Soleil.

Les principaux acteurs de l'effet de serre font aussi partie des composants les plus modestes de l'atmosphère : la vapeur d'eau, responsable, en moyenne, des 2/3 de l'effet de serre (variable selon les régions comme en témoignent les nuits glaciales du Sahara…), le gaz carbonique, responsable d'un petit tiers, et toute une kyrielle d'autres composés gazeux que nous évoquerons tout au long de cet ouvrage. Comment ces composés, *a priori* anodins, remplissent-ils un rôle aussi essentiel ? Le rayonnement du Soleil arrive sur la Terre sous forme, principalement, de lumière visible et infrarouge. Un peu moins d'un tiers (31 %) repart vers l'espace après avoir été réfléchi par les nuages, par l'atmosphère elle-même, par les aérosols et par la surface de la planète; le reste, 235 watts/m^2, est soit absorbé par l'atmosphère, soit utilisé pour chauffer la surface de la planète. Le sol réémet dans la direction du ciel des rayonnements infrarouges qui eux ont la propriété d'être absorbés par les gaz à effet de serre. Ces molécules les réémettent alors dans toutes les directions. Une bonne partie se trouve donc prise au piège, et redirigée vers le sol. Que l'on ne s'y trompe pas, les gaz à effet de serre œuvrent pour le plus grand bien de l'humanité ! Sans cet effet, il régnerait sur la Terre un froid paralysant de – 19 °C. C'est d'ailleurs ce qui se passe sur la planète Mars, où la température s'échelonne entre – 140 °C et 27 °C, pour une moyenne globale de – 25 °C. L'effet de serre nous permet d'échapper à ce destin, puisqu'il nous concocte une température moyenne de + 15 °C.

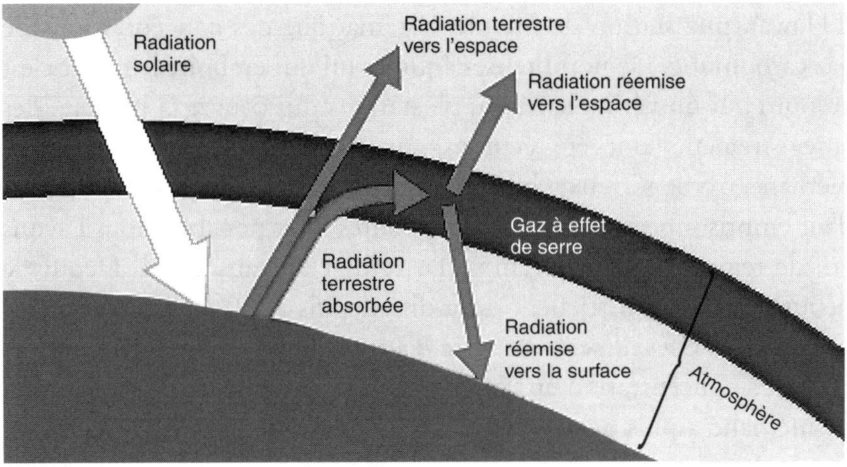

L'effet de serre.

L'effet de serre est donc en soi bénéfique. C'est son augmentation qui inquiète. Si, par ses activités, l'Homme augmente la concentration des gaz à effet de serre présents naturellement dans l'atmosphère, ou en introduit de nouveaux, davantage de chaleur sera piégée dans les basses couches de l'atmosphère. Plus on chauffe, plus la température s'élève et plus l'atmosphère peut contenir de vapeur d'eau. La vapeur renforce elle aussi l'effet de serre, et le réchauffement s'amplifie. Ce raisonnement rend-il l'Homme responsable du réchauffement constaté ? Oui, si l'Homme a modifié la composition de l'atmosphère, si cette modification provoque l'augmentation significative de l'effet de serre et si le réchauffement actuel est lié à l'effet de serre. C'est autour de ces trois propositions que s'articule l'acte d'accusation de l'activité humaine.

L'Homme modifie l'atmosphère...

Analyser jour après jour la composition de l'air qui nous entoure n'est guère exaltant. Mais ces tâches d'observation sont indispensables et à l'origine de véritables découvertes scientifiques. En 1958, le chercheur américain Charles Keeling est le premier à installer, sur le site de Mauna Loa, à 3 000 m d'altitude, sur la plus grande des îles d'Hawaï, une station de mesure systématique des concentrations de gaz carbonique. De nombreuses équipes lui ont emboîté le pas et c'est aujourd'hui un véritable réseau de stations qui couvre la planète. Les enregistrements ont été étendus aux autres gaz à effet de serre : méthane, oxyde nitreux, chlorofluorocarbures, etc. Et grâce aux bulles d'air emprisonnées dans les glaces polaires il est possible, nous l'avons vu, de remonter dans le temps. Le verdict est sans appel. Depuis le début de l'ère industrielle, c'est-à-dire depuis 1750 environ, la quantité de gaz à effet de serre ne cesse d'augmenter, et de manière importante. La concentration en gaz carbonique a augmenté de 31 %, celle de méthane a plus que doublé (151 %), celle de l'oxyde nitreux s'est élevée de 17 %. D'autres gaz sont également à prendre en compte, tels l'ozone (qui outre sa capacité à filtrer le rayonnement ultraviolet participe également à l'effet de serre), les hydrocarbures halogénés, et des composés apparentés tel l'hexafluorure de soufre. L'origine des modifications observées ne fait aucun doute, elle est indéniablement humaine.

Prenons le cas du gaz carbonique. Il est émis lors de la combustion du charbon, puis du pétrole et du gaz naturel. Les émissions deviennent notables à partir de la seconde partie du XIXe siècle; elles sont comptabilisées en tonnes d'équivalent carbone. Au début du XXe siècle, elles atteignent 500 millions de tonnes de carbone. Dépassant le milliard de tonnes en 1927, elles ont grimpé de manière vertigineuse depuis la fin de la seconde guerre mondiale : les deux

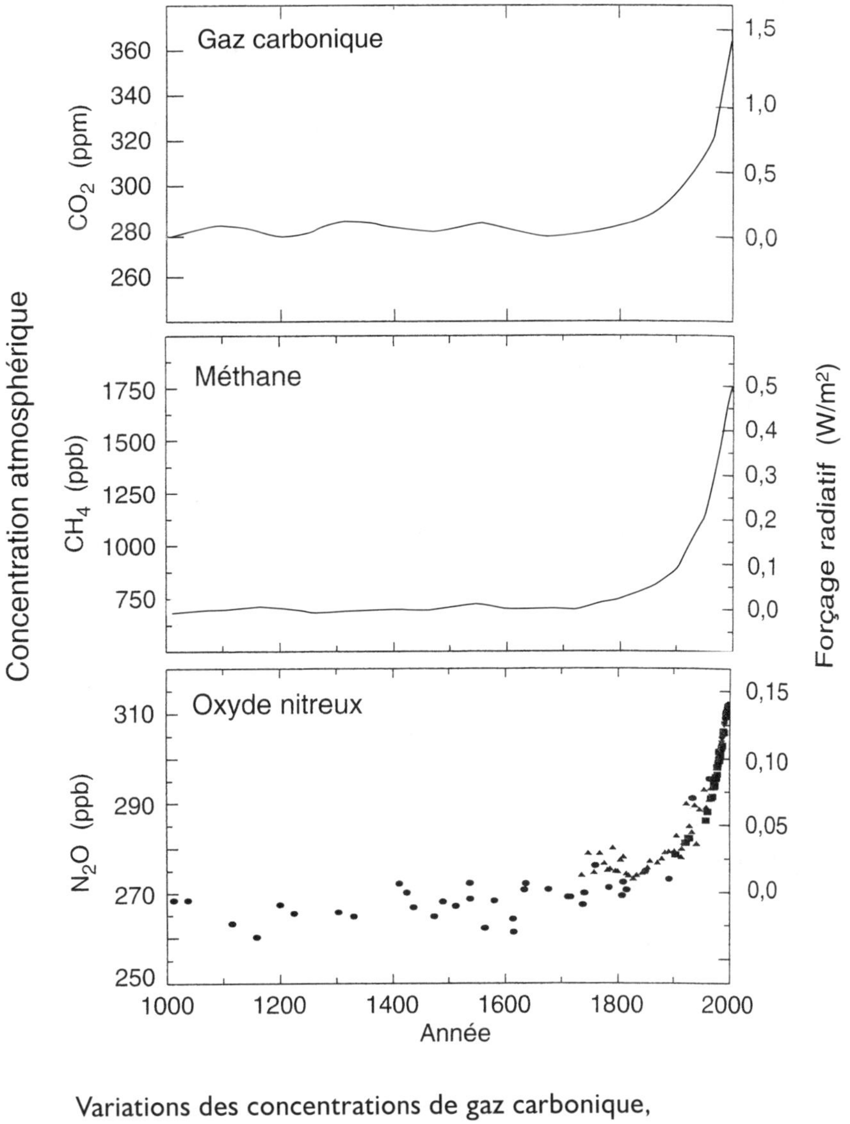

Variations des concentrations de gaz carbonique, de méthane et d'oxyde nitreux au cours du dernier millénaire.

Les concentrations sont indiquées sur l'échelle de gauche en ppm (partie par million) pour le gaz carbonique et en ppb (partie par milliard) pour le méthane et l'oxyde nitreux. L'échelle de droite indique en watts/m^2 le forçage radiatif (effet de serre additionnel) correspondant à chacun de ces gaz à effet de serre. (Source GIEC).

milliards de tonnes sont dépassés dans les années 1950 et les émissions ont plus que triplé depuis. Face à de tels chiffres, l'unité la plus couramment utilisée est la Gigatonne (giga pour un milliard) d'équivalent carbone, abrégée en GtC. Durant la décennie 1990, les émissions liées à l'utilisation des combustibles fossiles ont été d'environ 6 GtC par an, celles liées à la déforestation à 1 GtC par an. Tout ce gaz carbonique ne reste pas dans l'atmosphère. Une partie est absorbée par la végétation lors de la photosynthèse, une autre par l'océan où il participe à la vie marine. Au cours de cette période, chaque année 3,2 GtC sont restées dans l'atmosphère tandis que 1,7 et 1,4 GtC ont été absorbées respectivement par l'océan et par la biosphère continentale.

Si nous vous livrons tous ces chiffres, c'est avant tout pour vous faire toucher du doigt le sérieux avec lequel les scientifiques suivent le bilan du carbone à l'échelle de la planète. Si l'estimation de la quantité de carbone assimilée par l'océan, les sols ou la végétation est entachée d'incertitudes non négligeables, les émissions et la quantité de gaz carbonique qui reste chaque année dans l'atmosphère sont connues de façon précise. Et un regard vers le passé nous montre avec quelle rapidité l'Homme a chargé l'atmosphère. En moins de deux siècles, les teneurs en gaz carbonique ont augmenté de plus de 90 ppm (de 280 à 375 ppm), une augmentation du même ordre que celle observée entre le Dernier Maximum Glaciaire et la période pré-industrielle, qui s'était étalée sur près de 10 000 ans. Et jamais ce niveau de 375 ppm n'a été observé au cours des 420 000 dernières années. Nous l'avons vu, c'est à des millions d'années qu'il nous faut remonter pour retrouver des valeurs de cet ordre.

En moyenne, chaque habitant de la planète émet une quantité de gaz carbonique correspondant à une tonne de carbone par an. Mais cela n'est qu'une moyenne, qui recouvre d'énormes disparités. En haut de l'échelle, le citoyen américain en émet environ 5,5 tonnes, suivi de près par le Luxembourgois puis par l'Australien et le Canadien. Tout en bas, on retrouve les habitants de certains pays d'Afrique, de l'Inde (300 kg). Au sein des pays européens, les émissions sont pour certains (Finlande, Belgique, Danemark, Pays-Bas, République Tchèque, Allemagne) supérieures ou voisines de 3 tonnes. La France avec 1,7 tC fait figure de bon élève. Elle le doit à l'énergie nucléaire, qui représente 78 % de sa production d'électricité.

Comment en sommes-nous arrivés là ? Les concentrations en gaz carbonique ont commencé à croître de façon notable au début du XIXe siècle. Jusqu'à la première moitié du XXe siècle, la contribution majeure à cette augmentation était la déforestation. Puis l'industrialisation a pris l'avantage. Elle compte désormais pour environ 80 % de l'augmentation des émissions.

Un anthropocène ?

On admet généralement que l'homme n'aurait commencé à modifier de façon significative la composition de l'atmosphère en gaz carbonique et méthane que depuis le début de l'ère industrielle, marquée par le développement de la machine à vapeur en 1784. Paul Crutzen, (prix Nobel de chimie en 1995) a proposé de baptiser cette période « Anthropocène ». Cette proposition a cependant été récemment contestée par le paléoclimatologue américain Bill Ruddiman de l'université de Virginie qui défend l'idée que l'Homme, par la déforestation et l'agriculture aux débuts de la sédentarisation, aurait commencé à influencer les concentrations en gaz carbonique il y a 8 000 ans et celles de méthane il y a 5 000 ans. Selon lui, les conditions astronomiques, si elles avaient été seules en cause, auraient dû conduire à une diminution des concentrations des gaz à effet de serre tout au cours de l'Holocène. Pourtant, elles n'ont fait qu'augmenter. Débat à suivre...

Le deuxième gaz impliqué dans l'augmentation de l'effet de serre est le méthane. C'est un gaz d'origine naturelle, mais également très lié aux activités humaines. Il est en effet produit lors de l'exploitation du charbon et du gaz naturel, mais aussi par la décomposition des végétaux lorsqu'elle a lieu sans oxygène c'est-à-dire dans un milieu isolé de l'atmosphère (on parle de milieu anaérobie). C'est ce qui se passe dans toutes les zones marécageuses et dans les rizières, qui constituent les deux premières sources de méthane dans le monde. Viennent ensuite les incendies, les fuites liées à l'exploitation et au transport du gaz naturel, les décharges où les déchets ménagers sont enfouis, la digestion des bovins. L'intensification de l'agriculture et de l'élevage ainsi que l'industrialisation ont conduit à une hausse spectaculaire des concentrations de méthane : + 151 % depuis 1860…

Poursuivons rapidement la revue des gaz à effet de serre. L'oxyde nitreux est produit, de façon naturelle par l'océan et par les sols. Les activités humaines y contribuent à travers l'utilisation d'engrais azotés, les feux de biomasse et certains procédés chimique et industriels. Les chlorofluorocarbures sont utilisés dans la fabrication des systèmes réfrigérants et dans la climatisation. Leur utilisation diminue sensiblement grâce à l'application, depuis 1987, du protocole de Montréal qui réglemente leur production. Hélas, les produits de substitution, s'ils sont effectivement moins dangereux pour l'ozone de la stratosphère, restent redoutables pour l'effet de serre ! Ajoutons que la formation d'ozone (autre gaz à effet de serre) en zone suburbaine est favorisée par certains polluants d'origine humaine et a augmenté de 35 % près de la surface depuis le début de l'ère pré-industrielle.

Ces chiffres parlent d'eux-mêmes : les activités humaines sont bel et bien responsables des modifications de composition qui ont affecté notre atmosphère depuis environ deux cents ans.

L'effet de serre renforcé

Maintenant que nous avons évalué l'influence des activités humaines sur la composition de l'atmosphère, il s'agit d'en peser les conséquences sur l'effet de serre. Les modifications de l'atmosphère sont-elles suffisantes pour le faire varier de manière significative ? La réponse est ici apportée par les spécialistes du « transfert radiatif ». Ces physiciens connaissent la capacité de chaque gaz à absorber le rayonnement infrarouge. À masse égale, le méthane est, par exemple, 56 fois plus efficace que le gaz carbonique, l'oxyde nitreux 280 fois. Ce facteur passe à 1 200 pour l'ozone de la basse atmosphère et la palme revient à certains chlorofluorocarbures dont le pouvoir de réchauffement est de 5 000 à 10 000 fois supérieur à celui du gaz carbonique.

Ces pouvoirs de réchauffement faramineux expliquent pourquoi, alors que les concentrations en gaz à effet de serre restent faibles (celles du méthane n'ont augmenté que d'un ppm environ), elles ont contribué de façon notable à l'augmentation de l'effet de serre. L'augmentation de l'effet de serre depuis le début de l'ère préindustrielle est estimée à 2,43 W/m^2. Les responsables de cette augmentation sont : le gaz carbonique (pour 60 %), suivi du méthane (20 %), des chlorofluorocarbures (14 %) et de l'oxyde nitreux (6 %). En France[1], le gaz carbonique est également le premier contributeur à l'augmentation l'effet de serre (69 %) mais il est suivi par l'oxyde nitreux (16 %) dont les émissions sont largement liées aux activités agricoles, puis le méthane (13 %), un peu moins de 2 % étant dû aux chloroflorocarburcs et autres composés halocarbonés. En France toujours, c'est le secteur des transports qui produit le plus de gaz à effet de serre (26 %), suivi de l'industrie (21,3 %), de l'agriculture (19,3 %), du bâtiment (18,6 %), du secteur de l'énergie (12 %) et de celui des déchets (2,5 %).

Enfin, il est bon de tenir compte dans ce bilan des variations d'effet de serre liées à l'ozone. En altitude, la couche d'ozone stratosphérique est grignotée par les composés chimiques halocarbonés rejetés par les activités humaines. Nous perdons ainsi, peu à peu, une couche qui nous protège des ultraviolets. Mais, par la même occasion, l'effet de serre lié à cette couche d'ozone a diminué d'environ 0,15 W/m^2 au cours des 20 dernières années. Voilà pour l'ozone d'altitude. Hélas, dans les villes, l'ozone (qui n'a à cette altitude aucune vertu antiradiation, mais que des fonctions polluantes) prolifère. L'augmentation de l'effet de serre associé à l'ozone dans la troposphère est évaluée quant à elle à 0,35 W/m^2. Le bilan reste très largement en faveur d'une augmentation.

Au total, la quantité d'énergie qui chauffe l'atmosphère et la surface a augmenté de 1 % depuis le début de l'ère pré-industrielle, en deux siècles elle est passée de 235 à 237,7 W/m^2. À première vue, cela

1. Chiffres Citepa, 2001.

semble bien peu. Si le système climatique était exempt de rétroactions et était à l'équilibre (ce qui n'est pas le cas), ce petit pourcentage supplémentaire entraînerait une élévation de température moyenne d'un peu plus d'un demi-degré. Même si ce calcul donne une première idée, cette approche est trop simpliste car le système climatique est le siège de toute une cohorte de mécanismes qui jouent le rôle de rétroactions et dont, nous le verrons, il faut tenir compte.

Reprenons le raisonnement : l'Homme a modifié la composition de l'atmosphère. Cette modification s'est traduite par une augmentation d'environ 1 % de l'énergie de chauffage disponible. Pendant ce temps, nous avons observé une nette augmentation des températures. Peut-on faire le lien entre ces faits ? Peut-être ne s'agit-il que d'une coïncidence. Avant de franchir le pas, il faut, en tout état de cause, s'assurer que ce chauffage supplémentaire est bel et bien susceptible d'entraîner une augmentation de température de l'ordre de celle qui est observée. Pour répondre à cette question les climatologues ont développé des modèles numériques dont il est maintenant temps de vous parler.

Chapitre 5
Les modèles, outils de diagnostic et de prévision

Modéliser l'Univers, modéliser l'écoulement d'un fluide dans un tuyau, modéliser la désintégration d'un matériau radioactif : le terme est omniprésent dans la littérature scientifique, et plus particulièrement en physique. Les physiciens joueraient-ils aux modèles réduits à longueur de temps ? Pas loin. Car les modèles constituent effectivement des représentations « réduites » de la réalité.

Qu'est-ce qu'un modèle ?

Un modèle, au départ, c'est effectivement une maquette, un objet qui reproduit sous une forme simplifiée les propriétés d'un objet complexe. Le grand avantage d'un modèle ? Être facilement manipulable et permettre ainsi de multiples expériences. Voilà pourquoi il constitue un outil méthodologique essentiel au physicien. Par exemple, les spécialistes de l'atome modélisent les propriétés électriques des particules. Les climatologues utilisent quant à eux un modèle qui inclut d'atmosphère et sa composition, ainsi que l'océan, la biosphère et la cryosphère. Il ne s'agit évidemment plus alors d'une atmosphère en carton-pâte, mais d'une transcription plus abstraite, constituée d'un jeu de paramètres caractéristiques : température, pression, humidité, composition chimique de chaque couche d'atmosphère. Cette collection de chiffres brosse un tableau de départ, ce que l'on appelle des conditions initiales. Les conditions qui règnent quelque temps plus tard sont liées aux conditions initiales par des équations mathématiques. Ces équations rendent le tableau facilement utilisable : si l'on applique un vent dans telle direction, ou une source de chaleur à tel endroit, le tableau se modifie, pression, températures, précipitation changent. Il suffit pour cela d'entrer dans l'équation les équivalents chiffrés des changements météorologiques, et le résultat du calcul donne les nouvelles conditions au temps désiré. L'ensemble de ces équations constitue le modèle climatique.

Mais les modèles restent par nature simplificateurs. En effet, ils ne peuvent être développés qu'au prix d'approximations numériques (car les équations ne peuvent pas être résolues exactement), et physiques (notamment pour des questions d'échelle).

Les physiciens du climat ont bâti, au fil du temps, des modèles différents. Les premiers, élaborés à la fin des années 1960, considéraient la Terre comme une boîte noire, dans laquelle entrait une certaine quantité d'énergie et qui évacuait une autre quantité d'énergie. La température de surface de la Terre résultait de ce simple échange. Parce que la Terre est considérée comme un bloc, on les appelle des modèles à zéro dimension. Dans les modèles d'équilibre énergétique à une dimension, la planète est divisée en bandes parallèles à la latitude, et l'on considère les échanges d'énergie qui ont lieu d'une bande à l'autre. Les modèles d'équilibre énergétique à deux dimensions ajoutent de la complexité en considérant les échanges d'énergie qui ont lieu entre diverses latitudes et altitudes, ou bien entre différentes latitudes et longitudes; ils se focalisent sur l'échange d'énergie, ne décrivant qu'une des facettes du climat.

Le casse-tête des modèles de circulation générale

L'objectif des modèles de circulation générale est de simuler les mouvements de l'atmosphère ou de l'océan, mais aussi de prédire les précipitations, l'évaporation et plus généralement tout ce qui a trait à ce que nous appelons le cycle hydrologique. Observer les trajectoires, et les modéliser, voilà qui peut paraître simple. Après tout la mécanique est une des premières disciplines de la physique enseignée au lycée. Sauf que dans le cas d'un fluide, les choses se compliquent sérieusement. Les mouvements des molécules présentes dans une masse d'air peuvent être dus à la chaleur, puisque l'air se déplace des zones froides, plus denses, vers les zones chaudes. Ils peuvent être initiés par des forces qui s'exercent sur les masses d'air : forces de pression, de gravité, force de Coriolis due à la rotation de la Terre.

Quand l'eau se transforme

Tout serait plus simple si les éléments constitutifs du système climatique ne jouaient pas à cache-cache. Hélas pour le modélisateur, ils se transforment sans cesse. Prenons le cas de l'eau. Celle-ci change de phase constamment. Elle s'évapore, se condense, fond, gèle. Or ces changements de phase sont essentiels. Lorsque l'eau se condense par exemple, elle libère de l'énergie. Toutes les transformations qu'une molécule d'eau subit au cours de son cycle atmosphérique doivent être prises en compte dans les modèles. D'autant que chaque phase possède des propriétés radiatives différentes. Sous forme de vapeur, elle agit comme un gaz à effet de serre. Dans les nuages, son pouvoir radiatif est différent suivant qu'elle se trouve sous forme de gouttes, de gouttelettes, de cristaux de neige ou de glace.

À partir de ces équations, il est maintenant possible de décrire le vent, la pression, la température, l'humidité de l'air. Si on les applique à l'océan, elles décrivent les courants, la pression, la salinité, la température de l'eau. Voilà qui est parfait, du moins sur le papier. Dans la réalité, ni l'océan ni l'atmosphère ne fonctionnent en vase clos. Il y a des échanges d'énergie et de matière aux frontières, frontières entre l'air et eau, entre l'air et le sol, entre le sol et l'eau.

La nature du sol joue un rôle essentiel à ces frontières. Le relief terrestre modifie, par exemple, le mouvement et la circulation des masses d'air. À une échelle plus petite, la nature plus ou moins rugueuse du sol détermine la vitesse des vents et donc les échanges d'énergie au niveau du sol. La rugosité du sol vis-à-vis des vents dépend de la hauteur de la végétation, de la nature du sol (cailloux, sable, limon, etc.). Qu'à cela ne tienne ! Des campagnes de mesure dans le monde entier ont permis de tracer des cartes de rugosité, dont les modèles climatiques tiennent compte aujourd'hui.

Et la végétation ? Elle introduit encore des perturbations supplémentaires. Elle ne se contente pas d'entraver la circulation de l'air et de réfléchir plus ou moins les rayonnements (l'albédo, de surface dépend du type de végétation). Elle retient aussi l'humidité du sol dans ses racines, et module l'évacuation de vapeur d'eau selon ses besoins. Certaines espèces, en période sèche, ferment leurs stomates (organes microscopiques de la respiration situés sur l'épiderme des feuilles) afin de limiter leurs pertes en eau. Parallèlement, les végétaux participent aux échanges de matière en absorbant du gaz carbonique et en rejetant de l'oxygène. Ces échanges dépendent des espèces et de la taille de leurs feuilles. C'est pourquoi il a fallu que des équipes parcourent le monde pour décrire le type de végétation, la taille des feuilles, la réaction de celles-ci aux changements d'humidité, dans chaque partie de la planète. Avec l'aide des données fournies par des satellites conçus spécialement pour cette utilisation, elles ont pu ainsi établir une cartographie végétale de la planète, et attribuer à chaque région définie un indice foliaire et une taille moyenne des feuilles. Mais ce n'est pas tout. Ces cartes prennent aussi en compte la densité de la végétation, la profondeur racinaire, la taille des feuilles qui jouent un rôle dans la circulation de l'eau : les racines pompent de l'eau dans le sol, l'eau est évaporée au niveau des stomates. À l'inverse, les feuilles s'interposent entre la pluie et le sol, l'eau qu'elles recueillent s'évapore plus facilement que si elle s'était infiltrée dans la terre. Tous ces phénomènes donnent à chaque type de végétation une identité propre. Les nombreux modèles existants prennent en compte jusqu'à 50 types de végétation différents ! Et pour chaque type de végétation, il est possible de spécifier leur comportement respectif à chaque saison : perte ou non des feuilles, réaction à la sécheresse, à l'ensoleillement, etc.

Le casse-tête, on s'en doute, ne s'arrête pas là. Quand le sol n'est pas nu, et qu'il ne porte pas de végétation, il peut être recouvert de neige ou de glace. Or la glace possède des propriétés cruciales. Elle renvoie vers l'atmosphère la plus grande partie de la lumière qu'elle reçoit (son albédo est très élevé, jusqu'à 95 % pour de la neige fraîche). Est-il utile de préciser qu'il existe des cartes mondiales de l'albédo qui répertorient ce pouvoir réfléchissant sur toutes les régions du globe suivant les saisons ? Et que ces données entrent dans les bilans énergétiques des modèles climatiques ? Les glaces interviennent aussi dans les modèles en tant que réservoirs d'eau prêts à fondre si les températures se radoucissent.

En 30 ans, les modèles climatiques ont peu à peu intégré tous ces éléments. Dans les années 1970, les premiers modèles ne s'intéressaient qu'à l'atmosphère. Dans les années 1980, les échanges avec le sol ont été intégrés, alors que des modèles océaniques étaient élaborés séparément. Au début des années 1990, les modèles incluaient à la fois l'atmosphère, le sol, l'océan et les glaces. Puis, ils se sont mis à prendre en compte le rôle des aérosols et le cycle du carbone. Aujourd'hui, ils sont en train d'intégrer la chimie de l'atmosphère et la dynamique de la végétation ce qui permettra de prendre en compte la façon dont celle-ci réagit lors d'un changement climatique et d'intégrer ces changements dans la prévision de l'évolution du climat.

Il existe aujourd'hui plus d'une vingtaine de modèles différents dont deux tournent en France, l'un à Météo-France, l'autre à l'Institut Pierre-Simon Laplace. Tous ne se focalisent pas sur les mêmes aspects. Certains détaillent plus finement le rôle de la végétation, d'autres celui des aérosols. Dans ce domaine, la diversité est source de richesse. Des analyses de fiabilité ont en effet montré qu'aucun ne surpasse tous les autres. Les meilleures simulations sont probablement celles obtenues en considérant les résultats de tous ces modèles.

Dans les mailles du filet

Hélas, aucune des composantes du système climatique ne se laisse facilement mettre en boîte. Ainsi, les équations mathématiques qui modélisent le comportement de l'atmosphère ne peuvent être résolues dans l'absolu, en continu. Elles ne donnent des résultats que dans des cas particuliers. Elles doivent donc être résolues en chaque point de la planète où l'on souhaite un résultat qui donnera les conditions initiales pour démarrer le calcul pour le pas de temps suivant, et ainsi de suite. Pour obtenir un résultat global, il faut donc quadriller la planète avec un maximum de points de calcul. Les modèles climatiques utilisent tous un maillage, un découpage plus ou moins fin du globe généralement régulier, mais qui pour certains offrent la possibilité de concentrer un plus grand nombre de points de grille sur une région donnée que l'on souhaite étudier en priorité. Dans l'atmosphère, le maillage régulier correspond typiquement à des boîtes ayant pour base un carré de 250 km de côté et s'élevant sur quelques centaines de mètres à un kilomètre de haut. Dans l'océan, les boîtes affichent plutôt 125 à 250 km de côté et 200 à 400 m de haut. Les conditions initiales y sont imposées, puis les équations sont résolues pour une évolution courte, typiquement d'une durée d'une demi-heure. Les résultats sont alors utilisés comme conditions initiales pour le calcul sur la demi-heure suivante.

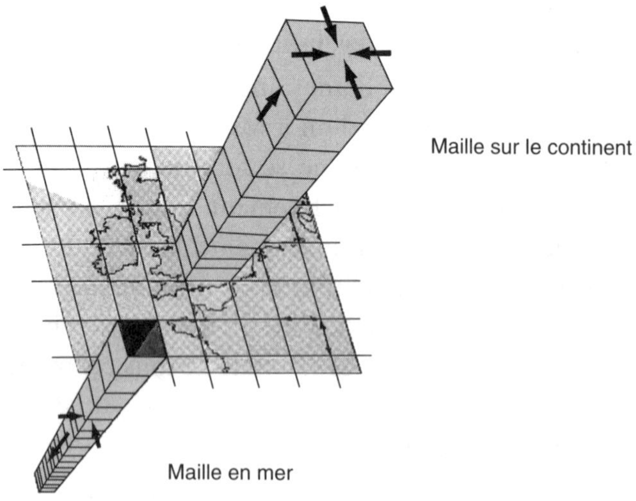

Les mailles des modèles.

En principe, la qualité des simulations est d'autant meilleure que le nombre de boîtes (les modélisateurs disent « la résolution spatiale ») est grand. Mais cette résolution est énormément limitée par la puissance de calcul. Quand, dans les années 1920, l'idée de modéliser l'atmosphère a été évoquée pour la première fois, il était alors impossible d'espérer obtenir un résultat représentatif en effectuant des calculs à la main. Mais dès qu'apparut l'ancêtre de nos ordinateurs, en 1946, les climatologues comptèrent parmi les premiers utilisateurs. Ces dix dernières années, l'accroissement du temps de calcul a été multiplié par plus de 100. Aujourd'hui, il faut encore quelques mois d'utilisation du plus gros ordinateur disponible en France pour produire une simulation de l'évolution climatique sur un siècle.

Prévision météorologique et simulation climatique

Les modèles utilisés pour effectuer la prévision météorologique à quelques jours sont du même type que ceux qui simulent les climats des décennies à venir. Normal : l'atmosphère, elle, est bien la même dans les deux cas. Sauf que, l'on s'en doute, la durée réduite sur laquelle se font les prévisions météorologiques et le fait qu'elles s'intéressent à une région donnée, libèrent, à coût constant, une formidable capacité de calcul, mise à profit pour resserrer les mailles du filet. De quelques centaines de kilomètres, elles passent ainsi à 10, voire 3 kilomètres sur la région considérée.

Peut-on se fier aux modèles climatiques ?

Si les modèles climatiques et les modèles météorologiques sont si proches, pourquoi accorder plus de crédit aux uns qu'aux autres ? Les prévisions météo ne pourront jamais être fiables au-delà d'une semaine à dix jours, car le système climatique n'est pas complètement prévisible. L'atmosphère possède un caractère fantasque, ou, en terme physique, un comportement chaotique. C'est l'effet papillon : une petite variation ou une petite erreur sur un paramètre a priori insignifiant peut s'amplifier et prendre une dimension énorme. C'est ainsi qu'une différence de température un peu trop grande entre l'air humide du golfe de Guinée et le sable brûlant du Sahara peut donner naissance à un petit tourbillon, qui grossira en traversant l'océan pour former un cyclone aux Antilles. Au contraire, les modèles climatiques cherchent à prédire des valeurs moyennes, de façon statistique, et c'est ce qui fait leur force.

Pour juger de la qualité des modèles climatiques développés au cours des dernières décennies, il suffit de les confronter à la réalité. Leur capacité à simuler les grandes caractéristiques de la circulation atmosphérique a été très vite démontrée. Ils rendent compte de l'ascension d'air humide dans les régions équatoriales, de la redescente de cet air, asséché, dans les régions subtropicales (où sont localisés les grands déserts), de la circulation plus horizontale dans nos latitudes autour de dépressions et d'anticyclomes. Au fil des années, ces modèles ont permis de décrire le climat dans lequel nous vivons de façon de plus en plus réaliste, répartition des températures et des précipitations, rythme des moussons, vents en surface et en altitude... Ces modèles reproduisent remarquablement le climat en différents points du globe tout au cours d'une année, mois après mois, saison après saison.

Les supercalculateurs battus par les PC ?

L'ordinateur le plus puissant au monde est aujourd'hui le Earth Simulator. Il occupe quatre étages d'un centre de recherche dans la banlieue industrielle de Yokohama, au Japon. Il est capable d'effectuer 40 000 milliards d'opérations par seconde, ou 40 TéraFlops. Un record qui, si l'on en croit la publicité faite par IBM, devrait être battu dès 2005 par le dernier-né des laboratoires du fabricant américain, ancien tenant du titre. Au Royaume-Uni, le Meteorological Office et l'université d'Oxford ont choisi une autre voie. L'idée consiste à ne pas utiliser un seul calculateur hors de prix, mais des milliers à bas prix. Depuis l'été 2003, ils proposent aux internautes de télécharger sur le site climateprediction.net un logiciel spécialement étudié pour ce type d'usage. Ceux-ci laissent alors tourner leur machine aussi longtemps qu'ils le souhaitent, et leurs résultats sont renvoyés aux chercheurs. Dès la première semaine de calcul, les promoteurs de cette initiative ont annoncé des performances supérieures à celles de l'Earth Simulator japonais. Ils faisaient cependant tourner des versions simplifiées des modèles climatiques. Les deux approches pourraient s'avérer complémentaires.

Sous l'atmosphère, l'océan

Un autre grand succès des modèles de circulation générale est d'avoir réussi à rendre compte aussi bien de la dynamique de l'atmosphère que de celle de l'océan. Étudiés tout d'abord séparément, ces deux réservoirs ont ensuite été couplés. À eux deux, ils forment effectivement un couple intimement lié. L'océan et l'atmosphère échangent de la chaleur, de la vapeur d'eau, de l'énergie, du gaz carbonique, etc. Cependant, même si ce sont deux fluides qui obéissent à des lois physiques similaires, ils ne se comportent pas de la même manière. La différence la plus notable tient sans doute à leur « capacité calorifique » différente : l'eau réagit lentement aux changements de température. Elle emmagasine la chaleur sur plusieurs jours, voire plusieurs semaines, et sa température s'avère peu sensible à l'alternance jour/nuit. L'atmosphère, elle, est nettement plus réactive. Quand, à l'automne, les masses d'air se refroidissent alors que l'océan garde encore la chaleur du mois d'août, les différences de températures provoquent des phénomènes météorologiques violents, tempêtes ou cyclones.

Impossible, dans ces conditions, d'oublier l'océan dans les modèles climatiques. Ceux-ci recouvrent tout de même plus de 70 % de la surface du globe. Cette immense masse d'eau est animée de mouvements horizontaux et verticaux liés aux différences de densité des eaux océaniques. Plus une eau est froide et salée, plus elle est dense. L'eau est réchauffée au niveau de l'Équateur, refroidie aux Pôles. Elle est régulièrement diluée et allégée par des précipitations inégalement réparties. Or plus l'eau est dense, plus elle s'enfonce en profondeur. La recherche constante de l'équilibre concourt à la formation d'un réseau de courants qui s'organise autour d'un schéma général, appelé circulation thermohaline. Les eaux les plus denses se situent dans les régions polaires où se forme la glace de mer. Cette glace, formée à partir d'eau salée, contient moins de sel que l'eau de mer. Les eaux des

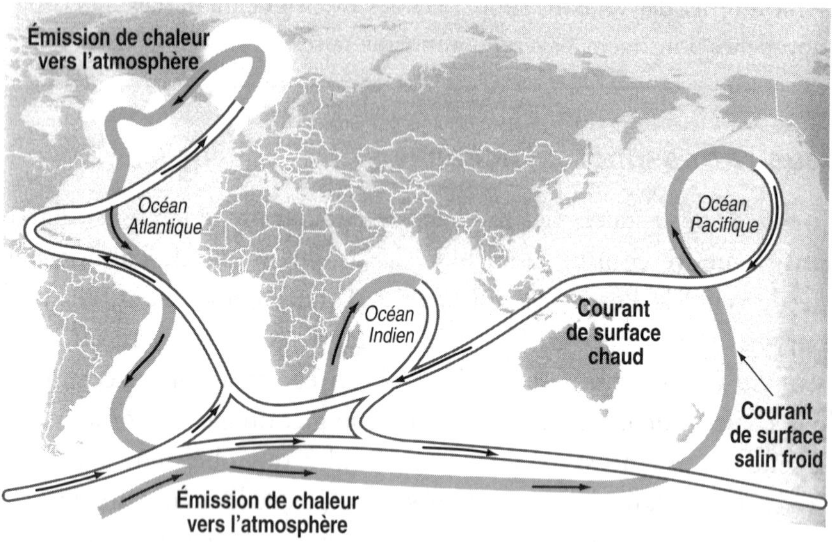

Représentation schématique de la circulation océanique générale.
La carte de la circulation des courants marins n'est cependant pas complète. Les flux à travers des passages étroits, par exemple, entre le Groenland et l'Islande, ne sont pas encore bien déterminés.

alentours se chargent donc en sel. Alourdies, les eaux de la mer du Labrador plongent ainsi à 2 000 ou 3 000 m sous les eaux de surface. Elles circulent vers l'Équateur. Vers 60° de latitude Sud, le courant remonte lentement. Il est entraîné par le courant froid qui, sous l'effet de la rotation de la Terre, fait le tour de l'Antarctique d'ouest en est. Il gagne ainsi le Pacifique Sud et l'océan Indien où il se réchauffe et rejoint la circulation de surface. Il passe par les îles de l'Indonésie, traverse l'océan Indien, contourne l'Afrique, remonte vers l'Atlantique Nord. Au passage, certains courants dérivés réchauffent les côtes bretonnes et britanniques. Puis le courant principal rejoint la mer du Labrador ou il boucle la boucle.

El Niño, enfant terrible de la mer et de l'air

Le phénomène El Niño est sans doute l'exemple le plus frappant de l'importance climatique des courants océaniques. Il est responsable de terribles sécheresses à l'ouest du Pacifique (Australie, Indonésie notamment), et d'inondations à l'est (Pérou, Équateur,...). Il résulte d'une inversion, tous les 4 à 5 ans en moyenne, des contrastes de température de l'océan Pacifique. Les eaux les plus chaudes du monde se localisent, la plupart du temps, sous les Tropiques, à l'ouest du Pacifique. Une langue d'eau plus froide traverse le Pacifique le long de l'équateur. Cette langue est plus prononcée à l'automne, vers le mois d'octobre, et plus faible au printemps, vers le mois de mars. Le plus souvent, le régime des vents du Pacifique pousse les eaux chaudes à l'ouest du bassin Pacifique. Mais il arrive que ce schéma soit perturbé, en général en hiver. Les eaux chaudes du Pacifique ouest migrent vers l'est, les vents faiblissent. Le réchauffement augmente l'évaporation. Des pluies torrentielles s'abattent sur l'Amérique centrale. À l'est, la sécheresse gagne. Ces perturbations affectent la circulation en altitude, notamment les courants jets et les rails de tempêtes qui guident la trajectoire des tempêtes et des cyclones. Le climat des zones équatoriales et tropicales, ainsi que d'autres régions plus éloignées, en est ainsi modifié.

La circulation océanique est largement influencée par la formation des glaces, et donc également par leur fonte. Les modèles de circulation océanique intègrent donc, de manière encore sommaire, des représentations mathématiques des glaces, glaciers et banquise. La glace de mer est importante à deux titres : elle réfléchit une grande partie du rayonnement solaire et la renvoie vers l'espace; et l'hiver, elle isole l'eau qui perd moins de chaleur. Ce comportement amplifie les changements de climat. Car si elle commence à fondre, la glace réfléchit une fraction moins importante du rayonnement solaire. Ce rayonnement supplémentaire réchauffe d'autant plus les océans ou le sol qui l'absorbent.

Les rétroactions brouillent l'avenir

Une fois construits, les modèles climatiques doivent être capables de prévoir le climat de demain. Entrez les données climatiques d'aujourd'hui, faites tourner le temps nécessaire, et vous obtenez le climat dans 1 an, 5 ans, 100 ans. Voilà pour la théorie. En pratique, les modèles sont loin d'être parfaits. De nombreux paramètres doivent être fixés, de façon un peu arbitraire, afin que ces modèles puissent tourner. Ces paramètres sont choisis de manière à rendre compte, le mieux possible, du climat actuel, qui est encore le mieux documenté. Testés sur le court terme, d'une saison à l'autre, d'une année à l'autre, ils s'avèrent de plus en plus performants. Ils sont également testés sur les données du passé. Mais ils sont beaucoup trop jeunes pour que l'on puisse d'ores et déjà être assurés de l'exactitude de leur vision à long terme, sur plusieurs décennies. Cette prévision à long terme est d'autant plus difficile que, par des processus de rétroaction, des phénomènes peuvent, au fil du temps, soit être amplifiés et devenir importants, voire essentiels, soit au contraire voir leurs effets s'atténuer. Que la vie du climatologue serait simple sans ces processus d'amplification ou d'atténuation ! En l'absence de toute rétroaction, à chaque fois que le chauffage des basses couches de la planète augmenterait d'un watt par mètre carré, le climat se réchaufferait de 0,3 °C. Élémentaire. Mais ces rétroactions, largement liées à la présence d'eau sous toutes ses formes, donnent du fil à retordre aux spécialistes.

La fonte de la glace de mer, qui modifie l'albédo de la planète, en constitue une. Mais, à l'échelle globale, le phénomène d'amplification le plus important est dû aux propriétés de la vapeur d'eau. La chaleur provoque, en effet, l'évaporation de l'eau, essentiellement dans les océans. Or, la vapeur d'eau est un gaz à effet de serre très efficace. Son augmentation devrait accentuer la hausse de température, donc l'évaporation, et ainsi de suite. Les modèles estiment que l'effet vapeur d'eau double la hausse de température. Ce raisonnement est un peu simpliste. L'atmosphère n'étant pas saturée en vapeur d'eau, celle-ci voyage. Et suivant l'altitude à laquelle elle se trouve, elle provoquera un effet de serre plus ou moins important. Si elle reste à 1 ou 2 km de la surface, son rôle d'amplification sera réduit. Ce n'est que si elle s'accumule dans la troposphère au-dessus de ces altitudes, là où l'effet de serre joue à plein, qu'elle accélérera le mécanisme.

Les nuages sont le siège de multiples rétroactions mais leur rôle, lui aussi modélisé, reste incertain. Suivant leur épaisseur, leur composition (petites ou grosses gouttes, eau ou glace) ; leur altitude, ceux-ci jouent un double jeu. Ils peuvent à la fois absorber et réfléchir les radiations solaires, et ainsi refroidir la surface, ou absorber et réémettre des radiations infrarouges, ce qui réchauffe la surface. Les modèles de nuages commencent seulement à intégrer des équations représentant ce que nous appelons la microphysique des nuages.

Nous reviendrons sur ces rétroactions et sur les défis à relever par les modélisateurs du climat. Mais il y a un thème sur lequel les modèles ont contribué à gagner en certitude : la responsabilité de l'Homme vis-à-vis du réchauffement au cours du XXe siècle.

Chapitre 6
Les modèles accusateurs

Les activités humaines ont indéniablement augmenté l'effet de serre et le climat se réchauffe. Mais ce réchauffement a-t-il un lien avec l'augmentation démontrée de l'effet de serre ? La réponse ne va pas de soi. Sans évoquer les grandes périodes glaciaires, il suffit de se tourner vers le passé récent pour observer qu'il n'est nul besoin que l'Homme intervienne pour que le climat change de quelques dixièmes de degré, de façon tout aussi notable qu'il l'a fait au cours du XXe siècle. Tout au moins à l'échelle régionale, comme nous l'avons évoqué pour le Petit Âge glaciaire et l'Optimum Médiéval. Difficile dans ces conditions d'affirmer que le réchauffement actuel est bien lié à l'augmentation de l'effet de serre dû aux activités humaines.

Un soupçon renforcé

Affirmer que le réchauffement est effectivement d'origine humaine n'est pas anodin. Car si les actions humaines ont été capables d'influencer le climat dans ce sens, alors il ne tient qu'à nous de réparer les dégâts. Pour les décideurs, cela implique de remettre en question le fonctionnement de nos sociétés avec des conséquences potentielles sur chaque citoyen. On ne met pas en place des politiques dont certaines sont coûteuses, on ne prend pas de décisions difficiles, sans disposer de certitudes. Et c'est bien dans ce but que le GIEC avait été mis en place. La question est donc examinée de façon récurrente par ses membres. Le premier rapport, paru en 1990, conclut que « l'importance du réchauffement observé est grossièrement cohérente avec les prédictions des modèles climatiques » mais qu'elle est aussi comparable à la variabilité naturelle du climat. « Le réchauffement observé pourrait donc être dû à cette variabilité naturelle ». Il y a une dizaine d'années, au moment du sommet de Rio, la réponse des scientifiques était donc « on ne sait pas ». Mais elle a fortement évolué grâce à un ensemble de résultats scientifiques nouveaux qui permettent aux experts du GIEC d'indiquer dès le rapport suivant, en 1995, « qu'un faisceau d'éléments suggère une influence perceptible de l'homme sur le climat global ».

Comment est-on passé de la première conclusion à la seconde ? Le raisonnement est le suivant. En tenant compte de l'augmentation des gaz à effet de serre depuis le début de l'ère industrielle, les modèles d'évolution du climat prédisaient un réchauffement voisin de 1 °C, le double de celui observé, estimé alors à une valeur comprise entre 0,3 et 0,6 °C. Cet écart tient à tout un ensemble de facteurs, liés à l'activité humaine, et qui n'ont pas été pris en compte. Les aérosols, en font partie. Ces particules microscopiques en suspension dans l'air sont produites, en particulier, à partir de composés soufrés, résultant notamment de l'utilisation des combustibles fossiles. Ils rendent l'atmosphère un peu moins transparente et absorbent une faible partie de l'énergie qui nous vient du soleil, de l'ordre de 0,5 W/m^2. Cet effet « parasol » est suffisant pour contrecarrer une partie du réchauffement et gommer l'essentiel du désaccord entre prédictions et observations. En fait, et cela s'avère déterminant, plus les modèles climatiques incluent de paramètres typiquement issus de l'activité humaine, et plus ils collent à la réalité.

À l'instar des aérosols, toute une série d'indices s'avèrent ainsi convaincants pour le spécialiste. Tous attestent que le réchauffement observé n'est vraisemblablement pas uniquement d'origine naturelle. Les prévisions des variations géographiques, saisonnières et verticales du réchauffement, concordent, par exemple, d'autant mieux avec les observations que les modèles tiennent compte, en plus des causes naturelles de variabilité climatique (éruptions volcaniques, fluctuations de l'activité solaire, effet de serre naturel, etc.), de l'effet de serre dû aux activités humaines et de l'effet des aérosols. Aucun de ces éléments, pris individuellement, ne constitue une preuve en lui-même mais c'est leur convergence qui a amené les scientifiques à suggérer que l'action de l'Homme est déjà perceptible.

Cette conclusion importante a, à l'évidence, joué un rôle clé dans les négociations du protocole de Kyoto en 1997. Suggérer que les activités humaines commencent à avoir une influence sur le climat place le changement climatique au centre des problèmes que notre société aura à affronter en matière d'environnement et lui donne une dimension socio-économique indéniable. La prudence avec laquelle les scientifiques du GIEC se sont exprimés donnait cependant du grain à moudre aux « sceptiques » de l'effet de serre qui en ont rapidement tiré parti, allumant une controverse dont la presse internationale s'est largement fait l'écho, essentiellement aux États-Unis, à un degré moindre en Europe.

La confirmation

Le diagnostic s'est affiné entre les rapports de 1995 et 2001. Il a été facilité par les données récentes, venues confirmer le réchauffement climatique. Parallèlement, la connaissance des variations du climat au cours du dernier siècle et du dernier millénaire s'était améliorée. Déjà amorcée en 1995, la courbe décrivant les températures tout au long de ces époques était d'une clarté aveuglante. Et bien qu'elle soit encore entachée d'une grande incertitude, elle laisse peu de doute : le réchauffement récent sort de la variabilité naturelle (voir page 50).

Les modèles climatiques confirment ce diagnostic. Des simulations longues montrent que le réchauffement des 100 dernières années ne peut vraisemblablement pas être dû uniquement à des causes naturelles. Pour arriver à cette conclusion, trois séries de simulations ont été réalisées et leurs résultats ont été comparés aux températures observées avec des moyens de mesure directs et modernes depuis 1860. La première décrit les températures telles qu'elles auraient évolué si l'effet de serre n'avait pas augmenté, et si le forçage climatique avait été

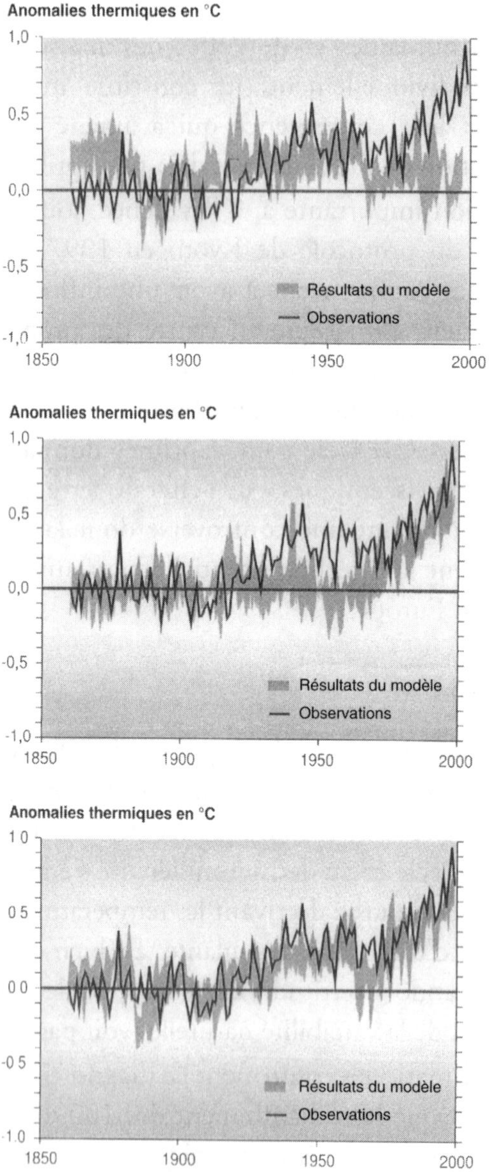

Température moyenne depuis 1860 : comparaison entre les observations (trait continu noir) et des simulations (zone ombrée grise) réalisées avec 3 hypothèses différentes. a) Forçage naturel b) Forçage anthropique c) Forçage naturel + forçage anthropique.
Source GIEC.

uniquement naturel. La deuxième tient compte de l'effet du seul forçage anthropique. Et la troisième évalue l'influence sur les températures d'un forçage double, naturel et anthropique. Une seule courbe épouse l'évolution constatée des températures, et c'est la dernière. Le forçage naturel, seul, est incapable de conduire à une élévation des températures récentes telle que nous la vivons.

Certes, ces simulations ne sont pas parfaites, nous venons d'en discuter. Par ailleurs, la concordance des courbes ne constitue pas une preuve. Mais elle est plus que troublante, et convainc la plupart des spécialistes. Toutes les simulations, malgré leurs différences, vont dans le même sens. En 2001, les experts du GIEC concluent que « de nouvelles preuves, mieux étayées que par le passé, viennent confirmer que la majeure partie du réchauffement observé ces cinquante dernières années est imputable aux activités humaines ». Il nous faudra sans doute au moins une dizaine d'années pour transformer ce « très probablement » en certitude. Mais d'ores et déjà, les incertitudes qui subsistent quant à l'influence des activités humaines sur le climat ne semblent pas faire le poids.

Chapitre 7
Les doutes font-ils le poids ?

« Tout cela, ce ne sont que des hypothèses. Le climat a toujours varié, il variera encore, il n'y a rien d'inquiétant à cela. De toute manière, nous n'y pouvons rien », entend-on souvent. Ce discours n'est pas uniquement une rumeur à balayer du revers de la main. Des économistes, des hommes politiques l'ont soutenu. Mais, contrairement à ce que ce discours voudrait faire croire, les climatologues testent sans cesse, et avec acharnement, la fiabilité de leurs affirmations. Le doute et le principe de réfutabilité sont en effet les fondements de l'activité scientifique. Pour le philosophe Karl Popper, la réfutabilité d'un énoncé, d'une hypothèse, d'une théorie constitue un critère essentiel pour distinguer la science des autres constructions intellectuelles. Or les climatologues, qui s'inquiètent des effets sur la planète des rejets à effet de serre, publient leurs méthodes. Elles sont rigoureusement scientifiques et évaluent systématiquement les doutes qu'elles suscitent et des incertitudes qui y sont associées.

Des doutes sur les données

Ces données du passé, qui soulignent l'anomalie du réchauffement actuel, sont-elles fiables ? Plusieurs scientifiques, et parmi eux l'astrophysicien Willie Soon, chercheur à Harvard (Cambridge, Massachusetts) en doutent. L'histoire du climat terrestre sur les 1 000 dernières années a été déduite d'une accumulation désordonnée d'indicateurs épars, qui donnent des informations sur le climat local, et non pas régional. Par ailleurs, ces données doivent être systématiquement interprétées, étalonnées, et donnent lieu à des biais. Combiner tous ces indicateurs pour obtenir une image du climat global ? Voilà un exercice de haute voltige scientifique, argumente Soon. C'est cependant oublier la force de la diversité. Lorsque de nombreux indicateurs, provenant de régions différentes, donnent, sur une période précisément déterminée, une évolution climatique comparable, cela renforce leur poids. L'utilisation de méthodes différentes et indépendantes permet justement de recouper les données, de les valider. Le tableau brossé actuellement par toutes ces méthodes de paléoclimatologie donne une image cohérente des climats passés. Il n'est pas impossible que des données nouvelles remettent en cause l'histoire du climat telle qu'on la reconstruit aujourd'hui. Mais pour l'heure, ce n'est pas le cas.

Enfin pour ce qui concerne le XXe siècle, de nombreux indicateurs, autres que la température moyenne à la surface, témoignent du réchauffement : diminution de la couverture neigeuse et, dans l'hémisphère nord, de la superficie et de l'épaisseur de la glace de mer, recul quasi-général des glaciers de montagne, diminution de la période de gel sur les lacs et rivières de l'hémisphère Nord, réchauffement des premières centaines de mètres de l'océan et élévation du niveau marin, modification des dates de floraison et de vendanges… Les températures de surface dont nous avions parlé jusqu'ici sont loin d'être le seul témoignage du réchauffement.

La basse troposphère ne s'est pas réchauffée

Certains enregistrements donnent cependant lieu à de vives controverses tel celui des températures de la troposphère enregistrées par les satellites et par les ballons sonde. Jusqu'à très récemment, il semblait que la basse troposphère (la région de l'atmosphère la plus proche de nous), ne se réchauffait pas ou, tout au moins, beaucoup plus lentement que la surface. Ce constat pouvait faire douter d'un réchauffement généralisé de la planète et les experts du GIEC admettent qu'ils n'arrivent pas à expliquer cette différence. La polémique a enflé, fin

2003, lorsque des chercheurs américains, ayant réexaminé les données fournies par les satellites depuis 1978, en ont mis en doute l'interprétation. Ils en ont proposé une nouvelle et estimé, cette fois, une augmentation globale de température de 0,024 °C par an, soit plus que le réchauffement de la surface terrestre (0,017 °C par an). La controverse ne s'est pas éteinte pour autant car certains de leurs collègues ont répliqué que les satellites, en prenant de l'âge, ont une tendance à perdre aussi de l'altitude ce qui modifie l'incidence des rayons solaires et ferait faussement croire à un réchauffement de l'atmosphère. Refroidissement, réchauffement, ou *statu quo*, la question n'est finalement pas tranchée. Elle est pourtant essentielle : comment croire à un réchauffement généralisé si celui-ci ne s'observe que sur une couche mince d'atmosphère proche de la surface ?

« Le climat a toujours varié »

Certes, le climat a toujours varié et le regard que nous avons tourné vers le passé en a amplement témoigné. Oui, la Terre a même déjà connu des climats plus chauds que celui que nous vivons actuellement. Nous avons cité le Crétacé supérieur il y a 100 millions d'années avec des températures d'environ 6 °C supérieures à celles d'aujourd'hui. Plus récemment, au dernier interglaciaire, il y a un peu plus de 120 000 ans, les températures étaient sans doute comparables à celles que nous risquons de connaître dans la seconde moitié du siècle, environ 2 °C plus chaudes qu'actuellement. Plus près de nous encore, une chronique liégeoise raconte qu'on a découvert en 1116 des fraises mûres à Noël ! Non seulement nous avons donc connu des époques plus chaudes, mais en plus celles-ci se sont terminées naturellement. En Europe, l'Optimum climatique du Moyen Âge a été suivi spontanément, vers 1400, par le Petit Âge glaciaire qui a lui-même pris fin vers 1850. L'amplitude des changements de température associés à l'Optimum médiéval ou au Petit Âge glaciaire était, dans nos régions, du même ordre de grandeur que celle enregistrée au XXe siècle. Au cours du millénaire, les glaciers alpins ont alors fluctué de manière notable, comme aujourd'hui. On pourrait en conclure que, comme au Moyen Âge, la période chaude actuelle pourrait se terminer rapidement et naturellement. Mais la vitesse inhabituelle, à l'échelle du millénaire, du réchauffement en cours, et surtout le fait que nous avons, à travers l'accroissement de l'effet de serre, changé la donne climatique en augmentant la quantité d'énergie qui chauffe la surface, laissent entendre que les changements actuels n'ont rien à voir avec les précédents. Il est donc presque certain qu'un réchauffement d'origine anthropique se superpose à la

Les glaciers, indicateurs des changements climatiques :
Le front du glacier d'Argentière en 1864 et en 1995.
Documents fournis par Christian Vincent.

variabilité naturelle du climat. Cette variabilité naturelle persistera. Mais il serait vain d'espérer qu'elle compense le réchauffement lié à l'activité humaine qui, elle, ira en s'amplifiant.

La signature humaine

Dans le passé, les concentrations en gaz carbonique se sont modifiées de façon tout à fait naturelle. Malgré les arguments de la communauté scientifique, ne pourrait-on pas attribuer l'augmentation récente de l'effet de serre à de telles causes ? Est-on certain que ce n'est pas le réchauffement du XXe siècle qui, en diminuant la capacité d'absorption de l'océan, a provoqué l'augmentation des concentrations de gaz carbonique dans l'atmosphère ? Les enregistrements obtenus à partir des glaces polaires sont-ils fiables ? Autant de questions auxquels les géochimistes apportent des arguments imparables. L'analyse des bulles d'air contenues dans la glace a été conduite dans plusieurs sites aux caractéristiques différentes. Les résultats sont concordants et, sur leur partie commune, ils recoupent ceux obtenus à partir des prélèvements atmosphériques; voilà qui démontre la qualité des enregistrements glaciaires. Quant à l'origine humaine de l'augmentation récente de gaz carbonique, elle ne fait aucun doute. Car le gaz carbonique présent dans l'atmosphère qui provient de l'activité humaine a une caractéristique particulière : sa composition isotopique n'est pas la même que celle du gaz carbonique naturel. En l'absence d'activité humaine, les atomes de carbone présents dans la nature voyagent sous des formes différentes et passent ainsi par tous les compartiments terrestres. C'est ce que l'on appelle le cycle du carbone. Intégré dans les molécules de gaz carbonique, le carbone pénètre dans la biosphère par la respiration. Il constitue alors de la matière organique, participant à la croissance des animaux et des végétaux. À leur mort, la matière organique se décompose, et une partie de ce carbone retourne à l'atmosphère, une autre intègre les sols. Sous terre, le carbone connaît des destins divers. Certains atomes y restent stockés des millions d'années, participant par exemple à la formation de gisements de charbon. D'autres, par des phénomènes d'érosion et de ruissellement, rejoindront les cours d'eau puis l'océan. L'océan et l'atmosphère échangent constamment du carbone. D'où un retour possible à l'atmosphère. La boucle est alors bouclée.

Ces atomes de carbone peuvent être présents sous diverses formes suivant le nombre de protons qu'ils portent. On trouve majoritairement dans la nature du carbone 12. Le carbone 13 est un autre isotope, stable mais nettement moins courant, du carbone. Enfin, existe également dans la nature du carbone 14, instable (c'est-à-dire radioactif), qui se désintègre au fil du temps en formant de l'azote. L'atmosphère contient, naturellement, une proportion relativement constante de chacun des isotopes. On retrouve cette proportion dans chacun des compartiments qui échangent de la matière carbonée avec l'atmosphère : sols, océans, êtres vivants. Mais cet équilibre est rompu dès lors que du carbone reste enfoui sous terre. La proportion de carbone 14 commence alors à chuter régulièrement, au fil de ses désintégrations, si bien que les gisements de combustibles fossiles n'en contiennent quasiment plus. Or l'Homme, en extrayant et en brûlant ces stocks de carbone particulier, rejette dans l'atmosphère des quantités importantes de ce carbone très appauvri en carbone 14. La composition isotopique des cernes d'arbres, qui ont grandi pendant la première moitié du XXe siècle, témoigne effectivement de l'addition progressive dans l'atmosphère de carbone sans carbone 14. Dans l'atmosphère, la proportion de carbone 13 diminue également, ce qui confirme sans ambiguïté l'origine fossile de l'augmentation de la concentration du gaz carbonique dans l'atmosphère.

Un mode de réchauffement inédit

Au-delà de cette certitude, sur laquelle il y a désormais un consensus total, il est intéressant de souligner que l'effet de serre dû aux activités humaines induit un changement inédit. La séquence des événements, qui a conduit au réchauffement récent, est différente de celle observée lors du réchauffement associé à une déglaciation. Les carottages de glace extraits récemment en portent les traces. En 1998, l'équipe franco-russo-américaine travaillant sur le site de Vostok, en Antarctique, remontait de la glace vieille de 420 000 ans. Son analyse isotopique permet de tracer la courbe des températures qui ont régné sur la Terre depuis cette époque. La composition des bulles d'air piégées dans la glace, conduit, quant à elle, à une courbe qui décrit l'évolution de la concentration en gaz carbonique dans l'atmosphère. Les deux équipes comparent leurs courbes : elles évoluent parallèlement. À un détail près, que permet de mettre en évidence la composition isotopique de ces bulles d'air, elle aussi influencée par le climat : un décalage d'environ 800 ans. Au cours d'une déglaciation, le réchauffement commence dans l'Antarctique 800 ans avant que l'atmosphère ne se charge en gaz carbonique. Ces données, ainsi que d'autres collectées dans les sédiments marins, ont permis de raconter l'histoire d'un interglaciaire « naturel ».

Voici ce scénario. Il y a 245 000 ans, les paramètres astronomiques sont favorables à un réchauffement. Les mers du Sud s'échauffent sous l'influence d'une insolation plus importante. Les courants océaniques et la couverture de glace de mer se modifient si bien que l'océan piège moins de gaz carbonique. L'effet de serre augmente, et la machine s'emballe. Le réchauffement s'amplifie. Au Nord, les énormes calottes de glace résistent : elles réfléchissent un maximum de lumière qui retourne dans l'espace. Mais les calottes de glace finissent par céder, et fondre. Avec 4 000 ans de retard, le réchauffement gagne l'hémisphère Nord. Au cours de cette déglaciation, la teneur de l'atmosphère en gaz carbonique est ainsi passée de 200 à 280 ppm en 7 000 ans, alors que l'atmosphère est passée, depuis le début de l'ère industrielle, d'une teneur en gaz carbonique de 280 ppm à 375 ppm. Mais le changement est aujourd'hui bien différent de celui qui est intervenu il y a 245 000 ans, et probablement lors de toutes les déglaciations précédentes. Aujourd'hui, ce ne sont pas les variations astronomiques d'ensoleillement qui déclenchent le réchauffement dans l'hémisphère Sud suivi d'une augmentation des concentrations de gaz carbonique dans l'atmosphère. Nous avons la preuve que le métronome astronomique, qui réglait la succession des périodes glaciaires et interglaciaires, est dépassé par un événement inédit : l'augmentation directe des teneurs en gaz carbonique. On assiste non plus à un forçage radiatif externe, comme par le passé, mais à un forçage interne, provoqué par les activités humaines.

Des modèles imparfaits

Même si tous les éléments en notre possession plaident pour un réchauffement inhabituel largement imputable à l'Homme, la preuve irréfutable manque. C'est ce que dénonce notamment Richard Lindzen, météorologiste au prestigieux MIT, Massachusetts Institute of Technology (Cambridge, Massachusetts). Dans un article paru le 11 juin 2001 dans le *Wall Street Journal*, il écrit « nous sommes relativement certains que (1) la température globale moyenne est supérieure de 0,5 °C à celle qui régnait il y a un siècle, (2) les taux de gaz carbonique atmosphérique ont augmenté depuis deux siècles et que (3) celui-ci est un gaz à effet de serre dont l'augmentation est susceptible d'entraîner le réchauffement de la planète (un parmi d'autres, les plus importants étant la vapeur d'eau et les nuages). Mais – et je ne soulignerais jamais assez – nous ne sommes pas en position d'attribuer avec certitude les changements climatiques du passé au gaz carbonique ou de prévoir ce que sera le climat dans le futur ». Le scientifique pointe un saut logique que seuls les modèles mathématiques permettent de franchir. Or, d'après Lindzen, les modèles climatiques actuels seraient incapables de simuler correctement les variations naturelles. Ils auraient beau prétendre être capables de prévoir le climat futur, ils oublieraient des phénomènes compensateurs. Et de pointer leurs imperfections : difficulté à prendre en compte le rôle des nuages, impossibilité de prévoir les phénomènes de petite échelle (climat local, tempêtes, inondations, cyclones...).

La critique est saine, et il est vrai que les modèles ont besoin d'être améliorés. Il n'empêche. Bien que ce reproche soit souvent fait aux scientifiques, les modèles tiennent bel et bien compte de l'évolution des teneurs en vapeur d'eau, de leur répartition géographique et en altitude, tout au long d'une simulation. Ils décrivent de plus en plus finement l'évolution actuelle du climat, ainsi que les fluctuations passées. Et tous convergent vers l'idée que le réchauffement observé n'est vraisemblablement pas d'origine uniquement naturelle. Aucun de ces éléments ne constitue en soi une preuve mais leur convergence ne peut être une simple coïncidence. Par ailleurs, puisque personne ne réfute le fait que l'augmentation du gaz carbonique est un facteur de réchauffement, affirmer que cela ne dit rien sur le futur climatique de la planète sous-entend qu'il existe des mécanismes compensateurs oubliés par les modèles standards. Mais aucun des mécanismes compensateurs proposés jusqu'ici n'a montré sa valeur. Les seules rétroactions mises au jour, les mêmes que celles qui ont déjà joué dans le passé, conduisent globalement à une amplification du phénomène de réchauffement.

Et si l'activité solaire expliquait le réchauffement ?

Le réchauffement du XXe siècle est brutal et intense. L'intervention de l'Homme, et ses rejets de gaz à effet de serre, explique assez correctement ce phénomène. Tel est le raisonnement qui conduit à affirmer que l'Homme est coupable. Mais d'autres phénomènes, encore mal connus, ne pourraient-ils pas expliquer aussi bien le réchauffement, sans que l'action humaine soit la principale responsable ? C'est sans doute ce qu'espéraient les scientifiques qui ont travaillé sur les variations de l'activité solaire. L'énergie que fournit notre astre n'est pas, en effet, toujours la même.

Les trajectoires respectives de notre étoile et de la Terre rendent compte des successions des périodes glaciaires et des interglaciaires au Quaternaire. C'est la thèse, affinée depuis, de Milutin Milankovitch. Mais l'énergie solaire reçue par la Terre ne dépend pas que de ces trajectoires. Elle dépend également de l'énergie émise par le Soleil, qui n'est pas constante au fil du temps. Il arrive que, sous l'effet de l'activité magnétique intense qui règne à l'intérieur de l'astre, certaines zones de sa surface se refroidissent. Un refroidissement, bien entendu, tout relatif : elles affichent 5 000 °C, alors que leur voisinage brûle à 6 000 °C. La différence de température est suffisante pour que ces zones soient visibles de la Terre. Elles apparaissent

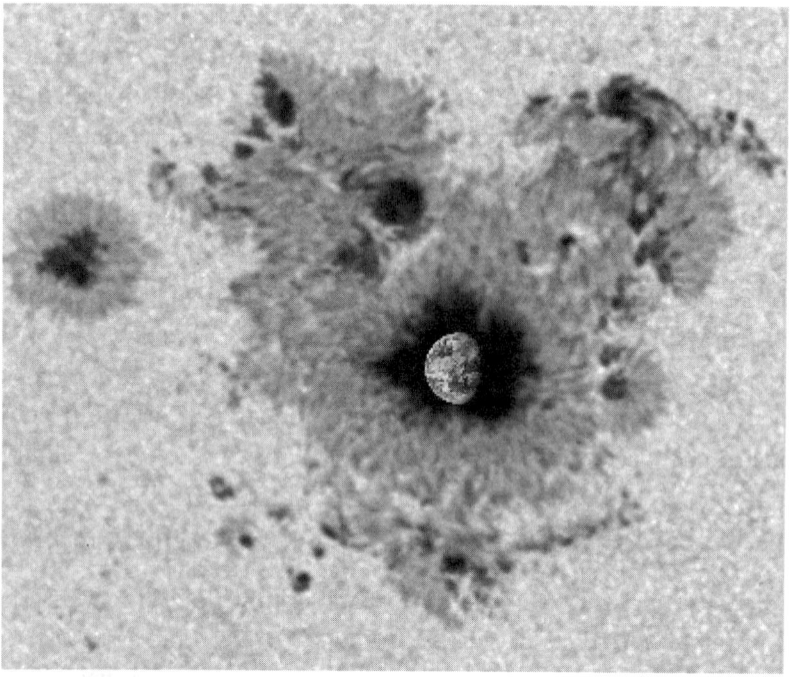

Tache solaire, grande comme la planète Terre.
Image réalisée par le satellite TRACE *(Transition Region and Coronal Explorer)*.
TRACE est un programme de recherche du Stanford-Lockeed Institute for Space Research et de la NASA.
Site internet : http://vestige.lmsal.com/TRACE/POD/TRACEpod.html

comme des taches sombres. Ces taches criblent la surface de l'astre à intervalles réguliers, selon des cycles de 11 ans, et témoignent d'une activité solaire réduite. Lorsque le nombre de taches atteint son maximum, l'énergie portée par le rayonnement solaire est amputée de 0,1 %. De nombreux travaux ont été menés pour tenter de trouver une corrélation entre les cycles de l'activité solaire et les changements climatiques. Les fluctuations dans l'intensité du rayonnement ont été, très récemment, intégrées dans les modèles. Elles ne peuvent à elles seules expliquer qu'une faible partie des variations climatiques. Une augmentation de luminosité sur un cycle de 11 ans se traduit par une augmentation du bilan radiatif de la Terre de 0,2 W/m^2 et de 0,3 W/m^2

si l'on considère l'ensemble de la période depuis le début de l'ère industrielle. Or dans le même temps l'augmentation de l'effet de serre a été d'environ 2,5 W/m^2 ! À plus long terme des variations plus importantes ont pu influencer le climat, par exemple, au moment du Petit Âge glaciaire qui coïncide avec une baisse de la luminosité solaire appelée minimum de Maunder. Mais sur la seconde moitié du XXe siècle, elles sont trop faibles pour constituer un paramètre déterminant.

Certes, répliquent les tenants de l'hypothèse solaire, mais ces petites fluctuations peuvent être amplifiées par tout un tas de mécanismes rétroactifs. Elles peuvent ainsi jouer sur la répartition des nuages terrestres ou sur la quantité d'ultraviolets reçus par la surface du globe. Elles auraient pu également affecter la physique des vents solaires, ces nuages constitués de protons, d'électrons et d'atomes, qui s'échappent du Soleil pour percuter l'atmosphère de la Terre et y dessiner des aurores boréales. L'hypothèse a été relancée récemment par le danois Henrik Svensmark et ses collaborateurs. Selon lui, le vent solaire, en ionisant les atomes présents dans l'atmosphère, faciliterait la condensation des nuages : les atomes ionisés fonctionnaient comme des germes de condensation. En 1997, l'équipe avait trouvé une corrélation entre la couverture nuageuse et globale et l'intensité du rayonnement cosmique modulée par le Soleil. Ses membres concluaient que « le forçage par les nuages peut expliquer presque tous les changements de température dans la période étudiée [1970-1990] ». Mais impossible d'expliquer comment. Dans leurs derniers articles, les Danois se contentent d'affirmer « qu'un effet possible du flux du rayonnement cosmique ne peut pas être exclu ». Les chercheurs ont dernièrement proposé que l'influence solaire se limite aux nuages de basse altitude. Il semble effectivement que la couverture nuageuse basse suive mieux les fluctuations solaires. L'idée est cependant paradoxale : le vent solaire agit essentiellement en haute atmosphère (où se localisent les aurores boréales). Comment les nuages de basse altitude pourraient-ils en être perturbés ? Pour plus de précision, l'idée devra être testée sur le prochain cycle solaire, dans une dizaine d'années.

Ceci n'exclut pas que d'autres phénomènes, inconnus, participent au réchauffement. Richard Wilson, chercheur à la NASA et à l'université Columbia, pense que le Soleil éclaire globalement de plus en plus. L'argument a le mérite de la simplicité, mais il est controversé, et difficilement vérifiable. Pour estimer l'augmentation de la luminosité du Soleil, il est nécessaire de comparer l'éclairement pendant les minima des cycles de l'activité solaire. Les maxima souffrent en effet d'une variabilité extrême. Les cycles solaires durent environ 11 ans. Pour l'instant, seuls les minima de 1986 et 1997 peuvent être comparés. Impossible de tirer une conclusion de ces deux mesures. D'autant qu'elles ne font pas l'unanimité ! Comme les capteurs se dégradent dans l'espace, et qu'ils ne mesurent jamais la luminosité dans des conditions identiques, leurs données doivent être corrigées plusieurs fois. Corrections qui sont contestées. Dans ces conditions, il n'est pas sûr que les données de 2008 résoudront la question.

Et si les aérosols refroidissaient la planète ?

Pendant que certains cherchent des phénomènes naturels qui pourraient dédouaner l'Homme de la responsabilité du réchauffement actuel, d'autres évaluent ceux qui seraient susceptibles de le contrebalancer. Ils recherchent des forçages radiatifs négatifs qui pourraient nous dispenser de changer nos habitudes. Parmi les prétendants les plus sérieux à ce rôle de refroidisseurs figurent les aérosols d'origine humaine. Depuis le début de l'ère industrielle, ils ont entraîné un forçage négatif direct d'environ 0,5 W/m^2 et sans doute un forçage négatif indirect d'une valeur comparable. Mais ces estimations restent floues, car les aérosols jouent sur de nombreux tableaux.

Les aérosols sont des particules microscopiques (de 0,01 à 10 μm) en suspension dans l'air. Ils sont produits par des phénomènes naturels et humains. Il y a les grains d'argile, de quartz et de feldspath arrachés aux sables du désert ou des plages : environ 1,5 milliard de tonnes. Il y a les cristaux de sodium, chlore et soufre formés à partir de l'assèchement des embruns marins : 1,5 milliard de tonnes. Ajoutez une centaine de millions de tonnes de particules soufrées produites par la respiration des algues au bord de la mer; une dizaine de millions rejetés par les forêts et leurs odeurs, ainsi que par les bactéries du sol. Les poussières rejetées par les volcans en éruption participent, certaines années, très activement à ce total de 2,5 milliards de tonnes d'aérosols naturels. Les poussières d'origine humaine commencent à compter : elles représentent 300 millions de tonnes de poussières. La plupart des aérosols se concentrent près de leur source, sauf s'ils croisent le chemin d'un vent porteur.

Les aérosols refroidissent de manière directe l'atmosphère en absorbant le rayonnement solaire et la chaleur. Tous n'ont évidemment pas les mêmes caractéristiques. Les aérosols sulfatés seraient les plus efficaces, devant la poussière rejetée par la combustion de biomasse. Quant aux suies expulsées par les pots d'échappement et autres tuyaux d'usines fonctionnant aux combustibles fossiles, certaines participeraient au forçage négatif (refroidissement) et d'autres au forçage positif (réchauffement) !

Parallèlement, ces particules fonctionnent comme des noyaux de condensation : au contact de la vapeur d'eau, ils facilitent le changement de phase. Autour des particules d'aérosols se forment des gouttes liquides. Dans l'atmosphère, les aérosols participent donc activement à la formation des nuages. À l'intérieur des nuages, ils facilitent l'apparition de grosses gouttelettes d'eau, et augmentent la proportion de cristaux de glace. Or le rôle des nuages est très complexe. Ils participent à la fois au refroidissement de la surface terrestre, en absorbant et en réfléchissant la lumière du Soleil; et à son réchauffement, en absorbant la chaleur terrestre et en la réémettant vers la surface. La compétition entre ces deux effets dépend de la hauteur des nuages dans l'atmosphère (plus ils sont hauts, plus leur effet de serre est important), de leur épaisseur, de leur composition. Cet imbroglio participe largement à l'incertitude sur l'effet des aérosols.

Le refroidissement dû aux aérosols suit rapidement l'augmentation ou la diminution des émissions et est concentré sur certaines régions et zones subcontinentales. Il est rapide et local et même si le rôle précis des aérosols est mal connu, son intégration dans les modèles est, nous l'avons vu, cohérente avec l'évolution actuelle du climat. Et, s'ils contrebalancent le réchauffement lié à l'augmentation de l'effet de serre, ce n'est que très partiellement.

Des polémiques de plus en plus rares

Les doutes n'ont cessé d'émailler la réflexion scientifique sur le climat. Mais aujourd'hui, ils ont changé de cible. Dans les années 1990, ils portaient sur les questions suivantes : observe-t-on un réchauffement climatique ? La composition de l'atmosphère change-t-elle ? Le changement climatique est-il attribuable à l'Homme ? Les sceptiques de l'effet de serre ont fait leur boulot, et c'est tant mieux. Des chercheurs ont systématiquement pointé du doigt les imperfections des modèles qui fondaient toute la prospective climatologique. Ces imperfections n'ont pas disparu, mais elles s'amenuisent. Jusqu'à aujourd'hui, aucune des thèses allant à l'encontre de celle de l'effet de serre ne s'est montrée assez solide pour la remplacer; les opinions ont changé. Il est difficile de nier les faits, à l'heure où l'augmentation du niveau des mers, l'évolution des glaciers, et la hausse des températures sont précisément mesurées. Tous admettent que le réchauffement est bel et bien là, que l'Homme change la composition de l'atmosphère, et qu'il est au moins un des responsables les plus importants du réchauffement. Le discours s'est modifié. Il y a ceux qui soutiennent le protocole de Kyoto sur l'effet de serre, et ceux qui préfèrent minimiser les conséquences du réchauffement.

Or celui-ci va s'accentuer. Aujourd'hui, l'influence de l'homme sur le climat est du même ordre de grandeur que la variabilité naturelle. Au XXIe siècle cette variabilité naturelle ne devrait pas changer d'amplitude tandis que le réchauffement risque d'être multiplié par 5 sinon plus… Le signal anthropique devrait donc rapidement sortir du « bruit » de la variabilité naturelle pour devenir l'acteur principal de l'évolution de notre climat.

Partie III

Le temps qu'il fera demain

Chapitre 8
Imaginer l'avenir

L'Homme est en train de modifier durablement son environnement, et le climat de la planète qui l'abrite. Mais vers quoi allons-nous ? Et surtout, faut-il s'en inquiéter ? La sphère politique a vite compris que cette question devait être prise au sérieux. Économistes, politiques, scientifiques, ont donc mis leurs moyens en commun pour esquisser le temps qu'il fera demain.

Une prise de conscience rapide

L'idée que l'Homme puisse agir sur le climat, lancée il y a un peu plus d'un siècle, est longtemps restée sans écho dans les milieux scientifiques et politiques. Elle n'est revenue sur la table que dans les années 1970. À cette époque, les premiers modèles climatiques commencent à évaluer les conséquences de l'augmentation des teneurs atmosphériques en gaz carbonique. Leur verdict penche déjà pour un réchauffement significatif. Ces résultats sont pris au sérieux et motivent des réunions scientifiques et des rapports d'experts. Les modèles climatiques de l'époque montrent déjà que le réchauffement sera nettement plus important que celui qu'un simple calcul d'augmentation du forçage radiatif pouvait faire craindre. Ils soulignent les effets amplificateurs des rétroactions, et le risque d'emballement du phénomène.

Par ailleurs, ils commencent à illustrer les conséquences écologiques et économiques du réchauffement.

La communauté scientifique est, dans une large majorité, rapidement convaincue de l'ampleur du problème et de la nécessité d'en analyser toutes les facettes. La prise de conscience gagne également les milieux politiques. Il faut dire que les températures moyennes mesurées à la surface de la Terre dans les années 1980 sont clairement à la hausse. Pour enfoncer le clou, les États-Unis connaissent, en 1988, sécheresse et vague de chaleur alarmante. Dans une intervention devant le Sénat américain, Jim Hansen, directeur d'un institut de la NASA, à New York, suggère que les rejets de gaz à effet de serre dans l'atmosphère auraient déjà des effets détectables sur le climat. En s'appuyant sur les modélisations numériques réalisées par ses équipes, il fait le pari, d'ailleurs gagné par la suite, que le réchauffement s'accélérera au début des années 1990.

Dès 1979, les scientifiques commencent à s'organiser. L'Organisation Météorologique Mondiale (OMM) met sur les rails le Programme de Recherche Mondial sur le Climat (PRMC). Puis l'ICSU, le Conseil International pour la Science, qui regroupe l'ensemble des organisations scientifiques internationales, lance en 1986 un programme ambitieux afin de déterminer l'influence que le changement climatique pourrait avoir sur l'environnement : le Programme International Géosphère Biosphère.

Le doigt est dès lors mis sur des points sensibles : le devenir de la planète Terre et de ses habitants. L'opinion publique et la sphère politique sont rapidement sensibilisées et emboîtent le pas aux scientifiques, d'autant plus facilement que l'on sort d'un véritable succès dans le domaine de l'environnement. La Convention de Montréal, en 1987, venait en effet de bannir les chlorofluorocarbures (CFC) responsables de l'amincissement inquiétant de la couche d'ozone. Avec une efficacité très motivante, cet exemple montrait qu'il était possible de faire travailler en commun les gouvernements pour aboutir à des actions concrètes et efficaces. Mais sur la question des CFC, le consensus scientifique était total, les conséquences avaient été rapidement identifiées, et peu de pays étaient effectivement producteurs de

C'est grâce à la Convention de Montréal, que les chlorofluorocarbures ont été interdits.
Photographie DigitalVision.

CFC. La signature et la mise en œuvre du protocole en ont été grandement facilitées.

Le cas du réchauffement climatique s'avérait nettement plus coriace. Question de complexité, sans doute. Le lien entre réchauffement et activité humaine ne reposait que sur les prédictions de modèles à l'époque assez rudimentaires, et les conséquences en étaient encore mal cernées. Par ailleurs, si l'on voulait prendre le problème à bras-le-corps, il fallait s'attaquer à l'utilisation des énergies fossiles. Or les sociétés occidentales ont un mode de fonctionnement basé essentiellement sur le développement économique et le confort individuel fourni par la consommation d'énergie, principalement issue des combustibles fossiles. Pour remettre en cause ce mode de fonctionnement des nations les plus riches, il fallait disposer d'un diagnostic en béton. Ce fut le rôle du GIEC.

Le GIEC creuse la question

En 1988, à l'instigation des gouvernements, l'organisation météorologique mondiale (OMM) et le Programme des Nations Unies pour l'Environnement (PNUE) fondent le Groupe Intergouvernemental sur l'Évolution du Climat, GIEC en Français, IPCC en Anglais (*Intergovernmental Panel on Climate Change*). Il s'agit de faire le point, synthétiser et résumer les connaissances, pour fournir une base d'information et de réflexion aux décideurs politiques. Le diagnostic est en marche. Premier résultat concret : à la fin de l'année 1989, les Nations Unies votent une résolution dans laquelle les États membres « *s'engagent à commencer des négociations devant conduire à une convention sur l'effet de serre* ».

Le mandat du GIEC est complexe, et tout, de sa composition à son fonctionnement, laisse penser à l'époque que ce ne sera qu'une organisation inefficace de plus. Le GIEC doit faire travailler ensemble des milliers de chercheurs du monde entier, des spécialistes de disciplines aussi éloignées que la physique de la haute atmosphère, la géographie du littoral, l'économie, les sciences sociales et la santé. Ses membres devront « *expertiser l'information scientifique, technique et socio-économique qui concerne le risque de changement climatique provoqué par l'homme* » et synthétiser leur expertise en quelques pages destinées à être consultées, et comprises, des responsables politiques. Pour couronner le tout, ce résumé devra être adopté, non pas par des scientifiques, mais des délégués politiques de plus de 170 États, aux intérêts forcément divergents. Adoption qui doit se faire, cerise sur le gâteau, à l'unanimité.

Or le GIEC fonctionne. Depuis sa première réunion en novembre 1988 à Genève, il a rendu trois séries de rapports en 1990, 1995 et 2001. Au fur et à mesure de ces rapports, il a évalué l'ampleur du réchauffement à venir ainsi que l'incertitude associée, et identifié une responsabilité humaine importante. En 13 ans, et plusieurs milliers de pages de rapports, le GIEC est donc parvenu à dégager un consensus au sein de la communauté scientifique internationale. Et si certains ont tenté de nier les conclusions du GIEC, ils se sont vite rendus à l'évidence : le mode de fonctionnement de cette organisation est difficilement attaquable.

L'organisation du GIEC

Le GIEC est dirigé par un bureau de 30 membres, tous scientifiques reconnus. Le bureau est élu par l'assemblée plénière du GIEC, composée des représentants des États membres. Il est organisé en trois groupes de travail. Le premier est consacré aux « *éléments scientifiques* » sur les changements climatiques; le deuxième, intitulé « *impacts, adaptations et vulnérabilité* », à leurs conséquences; le troisième aux « *mesures d'atténuation* » à prendre pour y faire face. Chaque groupe doit publier un rapport complet tous les 5 à 6 ans ainsi qu'un résumé technique et un résumé destiné aux décideurs. Ces trois rapports sont accompagnés d'une synthèse. Les auteurs sont sélectionnés sur leurs compétences scientifiques, et sur leur origine géographique pour que celles-ci soient aussi diverses que possible. Chaque groupe de travail est ainsi co-présidé par un binôme de chercheurs, l'un issu d'un pays développé, et l'autre d'un pays en voie de développement. Une première version du rapport est soumise à la relecture d'une équipe d'experts. Les commentaires extérieurs, qu'ils proviennent de représentants gouvernementaux, de scientifiques, ou d'ONG sont également sollicités. Ces remarques sont transmises aux auteurs, qui écrivent alors une deuxième version de leur rapport. Un nouveau tour de table de relecture critique est organisé, dont les conclusions sont à nouveau transmises aux auteurs. C'est cette troisième version du texte qui formera le rapport final, adopté solennellement par l'assemblée du GIEC. Lorsqu'une question ne fait pas l'unanimité, les différentes positions sont décrites, sans exprimer de préférence. Le travail est, on s'en doute, considérable. Les 881 pages du rapport 2001 du groupe scientifique sont ainsi l'œuvre collective de 122 auteurs, assistés de 515 contributeurs, et de 21 relecteurs principaux aidés eux aussi de 700 collaborateurs ! Entre la première rédaction et la relecture finale par les décideurs, il s'est à chaque fois écoulé plus de 2 ans.

La tâche est encore plus ardue lorsqu'il s'agit de rédiger les résumés à l'usage des décideurs. Une première ébauche est écrite par les scientifiques, dans un langage accessible à tous. Le résumé est ensuite discuté et remanié avec les représentants gouvernementaux. Cette procédure peut être critiquée, puisque les gouvernements n'ont pas toujours un regard objectif sur le sujet. Chacun a tendance à défendre ses intérêts, même si le rapport doit être conforme aux conclusions des scientifiques. Faire participer les représentants gouvernementaux reste cependant le meilleur moyen d'impliquer les gouvernements. Le résumé à l'usage des décideurs doit être adopté à l'unanimité par les représentants plus de 170 États. Un tour de force très impressionnant quand on envisage ses enjeux politiques. Car ce résumé est aussi bien approuvé par les pays arabes, producteurs de pétrole, par les États-Unis peu enclins à accepter des contraintes, que par la France, dont la production d'électricité repose sur le nucléaire, ou encore le Bangladesh qui sera sans doute l'un des pays les plus touchés par le réchauffement. Ceux qui ont assisté aux réunions d'approbation des rapports du GIEC témoignent de leur intensité. En 1995, à Madrid, une journée d'âpres discussions avait été nécessaire pour que soit approuvée par le groupe scientifique, cette phrase « … *un ensemble d'éléments qui suggère une influence perceptible de l'homme sur le climat* ». Phrase capitale, puisqu'elle allait ouvrir la voie au protocole de Kyoto.

Le GIEC est entré depuis 2001 dans une phase délicate. Maintenant que le réchauffement est bien répertorié, il sera de plus en plus amené à étudier les conséquences de différents choix de société. Et les pressions politiques risquent de s'accentuer. Signe de ce basculement, mais aussi du souhait des États-Unis d'écarter un président emblématique, le GIEC s'est choisi un nouveau président en 2002. L'américain Robert Watson, spécialiste de l'atmosphère, a été remplacé par un économiste, l'Indien Rajendra Pachauri élu avec le soutien des États-Unis. L'analyse des éléments scientifiques du changement climatique reste un des objectifs du nouveau président, mais il souhaite désormais approfondir l'étude de ses impacts sociaux-économiques et des choix technologiques susceptibles de les atténuer. Le prochain rapport est attendu en 2007.

L'avenir de la planète vu par les économistes

Imaginer le monde dans lequel nous vivrons dans le futur : voilà l'exercice auquel se sont livrés les économistes sollicités par le GIEC.

Leurs visions dérivent directement du fonctionnement économique, social et politique actuel, et s'appuient sur des tendances avérées. Les économistes du GIEC ont fait dans la dentelle puisqu'ils ont imaginé quatre trames évolutives pour la planète, chaque trame donnant lieu à une dizaine de scénarios auxquels sont affectées des données différentes quant à la croissance démographique, au développement économique et aux avancées technologiques qui peuvent raisonnablement être attendues. Ils ont limité leurs prévisions à l'horizon 2100.

Première famille de scénarios, dite A1. La croissance économique se poursuit sur un rythme rapide, notamment dans les pays en voie de développement. La population atteint son maximum vers 2050 avant de décliner. Des technologies nouvelles, très efficaces du point de vue énergétique, sont introduites. La mondialisation faisant son œuvre, les différences régionales s'aplanissent, les interactions culturelles et sociales se renforcent, et les revenus par tête s'harmonisent. Un tel monde serait, forcément, très gourmand en énergie. Lesquelles ? De la réponse à cette question dépend l'avenir de la planète. Le GIEC étudie trois cas de figure principaux : utilisation intensive des énergies fossiles, promotion des énergies alternatives, ou un mélange des deux.

Imaginez maintenant une toute autre évolution. À l'inverse du scénario A1, le scénario A2 voit les disparités mondiales s'accentuer. Les identités culturelles restent fortes, les pays se sont repliés sur eux-mêmes, et tentent de se développer de préférence grâce à leurs ressources propres. Les taux de fertilité convergent très lentement, et la population mondiale ne cesse d'augmenter. Selon les économistes, la croissance dans un monde aussi fragmenté est inégale, et globalement plus faible que dans les autres scénarios.

Le troisième cas de figure, appelé scénario B1, envisage, comme le scénario A1, une économie convergente, avec une population qui augmente jusqu'au milieu du siècle puis baisse par la suite. Dans ce cas plutôt favorable, l'économie se regroupe essentiellement autour du secteur tertiaire. Les services, l'information, sont à la base de l'activité. La production de matériel se réduit, et des technologies propres remplacent peu à peu les activités polluantes. Leur consommation énergétique est optimisée. Aucune initiative particulière n'est prise vis-à-vis du changement climatique, mais le développement durable devient une valeur essentielle pour les entreprises.

Enfin, les économistes du GIEC ont envisagé une quatrième famille de scénarios, nommé B2. La pièce maîtresse de ce futur, comme pour le scénario A2, c'est le régionalisme. Le développement économique et social est assuré localement. La croissance est faible, mais l'équité sociale et l'environnement sont pris en considération. Bon nombre de pays atteignent un niveau de développement intermédiaire, des technologies très diverses fleurissent.

Voilà donc quatre types de futurs envisagés. À l'intérieur de chaque type, plusieurs options permettent de définir une quarantaine de mondes possibles. Difficile aujourd'hui de dire lequel sera le nôtre. Ce qui est certain, c'est qu'ils mènent à des quantités de rejets de gaz à effet de serre très différentes. Dans le scénario maximum (A2 ou A1 en cas d'utilisation intensive des énergies fossiles), les émissions annuelles de gaz carbonique atteignent un peu moins de 30 GtC, soit un quadruplement de leur valeur actuelle. Dans le scénario minimal en revanche (B1, ou A1 si les énergies renouvelables sont privilégiées), elles croissent légèrement puis reviennent à un niveau de 5 GtC. Les émissions des autres gaz, méthane et oxyde nitreux, sont également plus importantes dans le scénario maximal tandis que celles des composés soufrés diminuent dans presque tous les scénarios du fait des efforts importants entrepris depuis plusieurs années pour diminuer les causes de cette pollution.

Face à ces différents possibles que nous proposent les économistes, que nous réserve notre climat d'ici la fin du XXIe siècle ?

Chapitre 9
Quelques prévisions pour le XXIe siècle

Nous sommes aujourd'hui au pied du mur. Quoi que l'on fasse, de nombreuses conséquences du réchauffement sont d'ores et déjà connues, et inévitables. Les systèmes climatiques réagissent, en effet, avec une certaine inertie aux changements. Si des mesures draconiennes sont adoptées dans les années qui viennent pour réduire l'effet de serre, leurs effets (sur le climat, du moins) commenceront à se faire sentir dans plusieurs dizaines d'années. D'ici là, le scénario est déjà largement écrit.

L'effet de serre va continuer à augmenter

Ne nous méprenons pas. Même si l'on réussissait à stabiliser, dès aujourd'hui, nos émissions de gaz à effet de serre, celui-ci, continuerait, lui, à augmenter. Car tant que la vitesse d'émission est supérieure à celle de l'absorption par le milieu naturel, ces gaz s'accumulent dans l'atmosphère, où ils restent pour certains des années, pour d'autres des centaines d'années. Pour avoir une idée des conditions sous lesquelles l'effet de serre sera stabilisé, il faut considérer l'atmosphère comme un réservoir à gaz à effet de serre. Un réservoir qui, comme dans le fameux problème de la baignoire, se remplit à une certaine vitesse. Sauf que pour pimenter l'exercice, le remplissage est contrarié par une kyrielle de mécanismes supplémentaires qui ralentissent ou accélèrent le remplissage.

Prenons l'exemple du gaz carbonique de l'atmosphère. Ce réservoir est géré par les équilibres qui s'opèrent à l'intérieur du cycle du carbone. L'atome de carbone est en effet présent, sous diverses formes, dans chacun des compartiments de l'environnement terrestre : atmosphère, océan, biosphère, Terre interne. Dans l'atmosphère, on le trouve essentiellement sous forme de gaz carbonique. Sur les continents, on le trouve en profondeur dans les combustibles fossiles, et en surface dans la végétation et la matière organique des sols. Dans les océans, il réside principalement sous forme de carbonates et de matière organique, en particulier dans l'océan profond, qui constitue le principal réservoir de carbone de la Terre (il stocke en effet une masse de carbone 50 fois plus importante que celle de l'atmosphère !). Tous ces compartiments échangent en permanence des atomes de carbone, selon des mécanismes différents : la respiration et la photosynthèse règlent les flux entre l'atmosphère et la biosphère, les échanges gazeux s'opèrent directement entre l'atmosphère et les océans, etc. La végétation et l'océan de surface stockent le carbone de manière transitoire, pendant quelques années. Les sols et l'océan profond le séquestrent en revanche pour des centaines, voire des milliers d'années. Mais, en injectant dans l'atmosphère du carbone fossile, qui sans son intervention resterait sous terre, l'homme crée un déséquilibre. Les différents compartiments terrestres s'adaptent plus ou moins à ces variations. La végétation et l'océan absorbent ainsi une quantité égale à environ la moitié du carbone généré par les activités humaines. L'efficacité des puits de gaz carbonique est limitée par les réservoirs qui ont les temps d'assimilation les plus longs. En cas de diminution des émissions, l'excès de gaz carbonique mettra plus d'un siècle à diminuer de moitié, et beaucoup plus à se résorber définitivement.

L'inventaire titanesque des émissions

Comment peut-on estimer les émissions de gaz à effet de serre de chaque pays ? En les comptabilisant, commune par commune, région par région, secteur par secteur… Un organisme national définit des secteurs géographiques, à l'intérieur desquels il observe l'occupation du terrain :

zones résidentielles, bureaux, forêts, champs exploités ou non, réseaux routiers, ferroviaire, fluvial, aéroport, etc. Les sources d'émissions sont ainsi identifiées. Pour chacune, il s'agit ensuite d'identifier les émissions de polluants, parmi une liste d'une trentaine de molécules (gaz carbonique, composés soufrés et azotés, méthane, autres gaz à effet de serre halogénés), sans oublier les aérosols. La quantité des rejets est estimée, secteur par secteur, grâce à des enquêtes qui permettent d'avoir une vision globale, par exemple, du parc de voitures, de leur utilisation, des modes de chauffage des habitations et des bureaux, des émissions de telles ou telles industries.

Pour la plupart des autres composés participant au bilan radiatif de la planète, gaz à effet de serre et aérosols divers, l'équation est rendue encore plus complexe par l'intervention de la chimie atmosphérique. Ces composés peuvent ainsi sans cesse changer de forme, de propriétés, de réactivité. Dans la troposphère, la quantité d'ozone, une molécule produite par oxydation de l'oxygène, et de méthane dépendent du pouvoir oxydant de l'atmosphère, c'est-à-dire en gros de sa capacité à les faire réagir avec l'oxygène. Or ce pouvoir oxydant est lui-même modifié par la présence de polluants, oxydes d'azote réactifs, monoxyde de carbone, composés organiques volatils. Ceux-ci jouent donc le rôle de gaz à effet de serre indirects.

Les calculs ont beau être complexes, leurs résultats s'avèrent d'une simplicité effrayante… Si nous n'y prenons garde, les teneurs en gaz carbonique pourraient flirter avec les 1 000 ppm d'ici fin du siècle (entre 3 et 4 fois plus qu'il y a 200 ans), celles de méthane pourraient avoir quintuplé et celles en oxyde nitreux augmenté de 50 %. Le tableau est un peu moins noir si nous nous imposons de suivre le scénario le plus sage proposé par les économistes. Mais même dans ce cas le gaz carbonique aura presque doublé par rapport à sa valeur préindustrielle tandis que le méthane aura été stabilisé par rapport à sa valeur actuelle et que l'oxyde nitreux n'aura augmenté que de 20 %. Bien sûr il y a des incertitudes. Dans le cas du gaz carbonique, elles sont de l'ordre de 20 %. Mais il y a surtout une certitude : l'effet de serre va continuer à augmenter au cours du XXIe siècle. Qui plus est, même dans le scénario le plus raisonnable, cet effet de serre ne sera pas encore stabilisé à l'horizon 2100…

Quels que soient les choix de développement et le comportement des citoyens dans les années à venir, le forçage anthropique va donc augmenter. Le scénario le plus noir, celui auquel sont associées les émissions les plus élevées, est celui du développement disparate, des inégalités renforcées, c'est-à-dire A2. Une croissance inégale s'avère à peu près aussi néfaste qu'une croissance rapide (A1) si l'énergie utilisée provient essentiellement des combustibles fossiles. Ces deux types d'évolution risquent de nous amener vers un forçage radiatif supplémentaire de 6 W/m^2. Les scénarios les plus optimistes pour la planète allient un développement économique rapide et une utilisation privilégiée des combustibles fossiles. Le cas le plus favorable est B1, celui d'une société de service privilégiant les énergies propres, rejoint par un scénario A1 avec une économie à croissance rapide mais basée elle aussi sur l'utilisation d'énergies renouvelables. Le forçage radiatif occasionné reste cependant préoccupant, puisqu'il augmenterait de plus de 2 W/m^2 d'ici 2100. Préoccupant, parce que, même dans ce cas, le risque d'un changement climatique important d'ici la fin du siècle ne peut être écarté. Et ce risque devient de plus en plus probable à mesure que le niveau d'effet de serre envisagé augmente. Élévation des températures et du niveau de la mer, modification des précipitations, glaciers en voie de disparition, biodiversité en chute libre, santé humaine en danger, etc. Ces conséquences potentielles du réchauffement climatique sont devenues, elles aussi, des certitudes.

Les températures

La température moyenne à la surface du globe a augmenté de 0,6 °C au XXe siècle. Le réchauffement s'est effectué en deux temps : de 1910 à 1945, puis de 1976 à aujourd'hui. Au cours de ces deux périodes, l'augmentation moyenne a été de 0,15 °C par décennie. Ces moyennes cachent toutefois de grandes disparités. Les minima de températures journalières augmentent, par exemple, deux fois plus vite que

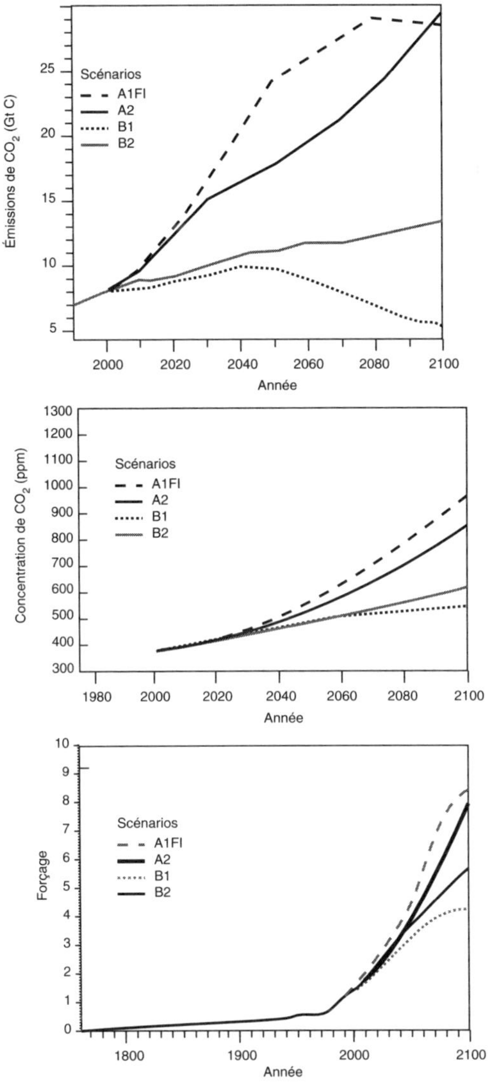

Scénarios d'émissions A1F1, A2, B1 et B2 entre 1990 et 2100 pour le gaz carbonique (CO_2).

Les prédictions du climat futur s'appuient sur des scénarios d'émission d'effet de serre dont quatre (A1F1, A2, B1 et B2) sont illustrés dans ces trois figures. Les courbes du haut et du milieu représentent respectivement les émissions annuelles de gaz carbonique (en milliards de tonnes de carbone) et la concentration de ce gaz (en ppm). Les courbes du bas représentent l'effet de serre additionnel en W/m^2 en tenant compte des émissions de gaz carbonique mais également de celles des autres gaz à effet de serre. A1F1 correpond au scénario A1 dans lequel l'énergie fossile est largement utilisée. Source GIEC.

les maxima. Bref, l'écart de température entre la nuit et le jour diminue. Cela est sans doute dû à l'augmentation d'émissions de nuages au-dessus de nos têtes. Dans l'hémisphère Nord, aux moyennes et hautes latitudes, la couverture nuageuse a en effet augmenté de 2 % en un siècle. Les nuages atténuent dans la journée la chaleur des rayons du Soleil, quand la nuit ils font écran et empêchent la chaleur du sol de s'échapper. Mais toute la planète n'est pas soumise au même régime. Le réchauffement entre 1910 et 1945 était ainsi essentiellement concentré sur l'hémisphère Nord. Entre 1945 et 1976, l'hémisphère Nord s'est légèrement refroidi tandis qu'une large partie de l'hémisphère Sud se réchauffait. Après 1976, le réchauffement a été global, et nettement plus prononcé aux latitudes moyennes et hautes de l'hémisphère Nord. Océans et continents sont soumis eux aussi à un traitement inégal. La hausse des températures moyennes est plus importante sur terre que sur mer. Entre 1950 et 1993, le réchauffement au-dessus de la mer était la moitié de celui observé sur terre.

Chronique d'une année exceptionnelle en France

En France, l'année 2003 a été la plus chaude depuis le début des relevés météorologiques. Et de loin : elle devance de près d'un demi-degré l'année 1994 qui jusqu'ici détenait ce record. Son caractère hors norme est encore plus flagrant pour les mois d'été. Les températures moyennes des mois de juin, juillet et août ont dépassé de près de 2 °C celles de l'été 1976, jusqu'ici le plus chaud. La canicule de 1976 a beau être gravée dans toutes les mémoires, la moyenne de ses températures d'été (20,4 °C) fait pâle figure à côté de celle de 2003 (22,6 °C). Des climatologues suisses ont analysé en détail le caractère exceptionnel de cet été 2003. Modèles climatiques à l'appui, ils montrent que la variabilité du climat augmente en cas de réchauffement. Selon eux, 2003 s'inscrirait déjà dans ce contexte. L'augmentation de la variabilité du climat est une mauvaise nouvelle, car elle rendra l'adaptation encore plus difficile.

C'est dans les régions boréales que l'élévation de température est la plus forte. En 30 ans, les hivers d'Alaska ont gagné en moyenne 2 à 3 °C. Les conséquences sont visibles : la toundra est envahie par des

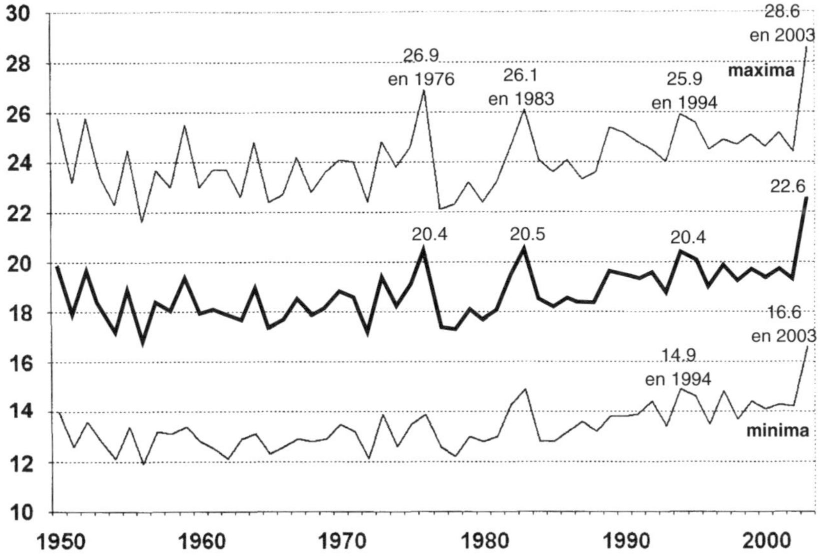

Températures en France, en degré Celsius, du 1er juin au 31 août. Source Météo France, valeurs moyennes (courbe du milieu), valeurs minimales (courbe du bas) et maximales (courbe du haut).

arbustes. L'étendue du pergélisol (sol gelé en permanence), se rétrécit. En Alaska, la ville de Fairbanks, construite sur la glace, connaît des températures moyennes annuelles de – 2 °C. Pour peu qu'elles s'élèvent encore de 2 °C, ses habitants verront le sol fondre. Au Groenland, pays dont 85 % du territoire est recouvert de glace permanente, la frontière du pergélisol recule également. Or, dans ces régions, les infrastructures ne reposent pas sur le sol, mais sur la glace. Des bâtiments, des routes, des habitations devront être reconstruits.

Ce réchauffement, déjà sensible, n'est presque rien par rapport à celui qui nous attend. En 2001 les experts du GIEC prédisaient, entre 1990 et 2100, un réchauffement compris dans une fourchette de 1,4 à 5,8 °C en moyenne globale. L'amplitude très large des prédictions (plus de 4 °C) est due, pour environ la moitié, à la diversité des scénarios d'émission de gaz à effet de serre possibles. L'autre moitié est attribuable à une incertitude sur les simulations, qui, nous l'avons évoqué, peinent à évaluer la sensibilité du climat aux modifications qu'on lui impose. Quoi qu'il en soit, le réchauffement est et sera de mise.

Le réchauffement ne sera pas homogène d'une région à l'autre. Dans le scénario de référence A2, le réchauffement global prédit est compris entre 1,3 à 4,5 °C suivant les modèles. Il serait donc de 3 °C en moyenne lorsque l'on tient compte de l'ensemble des modèles. Mais le réchauffement sera nettement plus important sur les continents, là où nous vivons, que sur l'océan. L'Europe de l'Ouest devrait ainsi prendre 4 à 5 °C (le même écart que celui qui à l'échelle globale nous sépare d'une période glaciaire !), et les régions polaires de l'hémisphère Nord, jusqu'à 10 °C ! Déjà sensibles dans ces régions, les conséquences du changement climatique s'amplifieront et les populations concernées doivent se préparer à des changements brutaux.

Pour se faire une meilleure idée de ce qui nous attend concrètement, l'équipe de chercheurs en climatologie de l'Institut Pierre Simon Laplace a utilisé son propre modèle pour visualiser ce qui se passerait en France dans ces conditions de températures. Résultat : dans la seconde moitié du XXIe siècle, la chaleur de l'été 2003 pourrait être dépassée plus d'une vingtaine de fois. Autant dire que la canicule 2003 sera la norme dans 50 ans. Et si quelques étés « moyens », voire frais (les appellerons-nous des étés de XXe siècle ?) surviennent, d'ici là, encore régulièrement, il ne faudra en déduire que le réchauffement n'est pas en marche...

La pluie

Qui dit augmentation des températures, dit aussi augmentation de l'évaporation de l'océan mais également de l'eau contenue dans les sols, les cours d'eau et les lacs, etc. Cette vapeur d'eau alimente l'atmosphère, et conduit à des pluies plus abondantes. Dans l'ensemble, les précipitations sur les continents ont augmenté de 2 % depuis le début du siècle. Mais cette moyenne ne veut pas dire grand-chose. L'eau répartie régulièrement sur l'année favorise les cultures. Irrégulièrement, elle conduit à des épisodes d'inondations et de sécheresse. Et si la pluie ne tombe que sur des régions déjà humides, oubliant les pays qui manquent déjà d'eau, les inconvénients dépasseront les bénéfices.

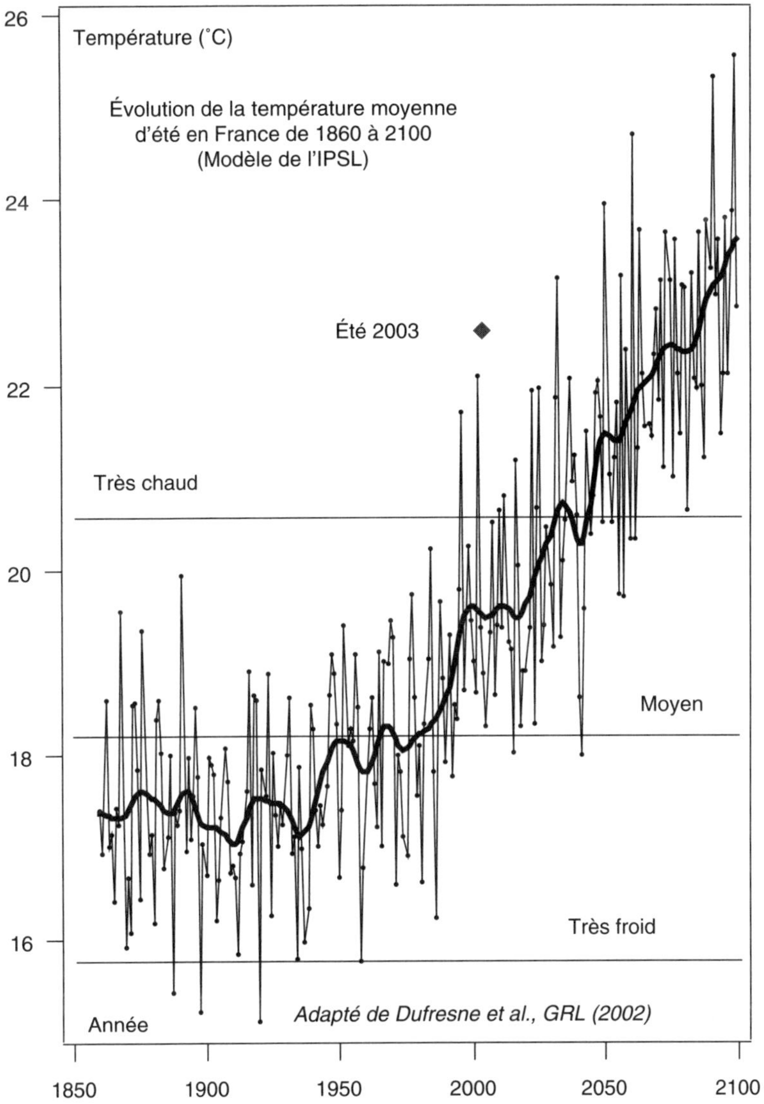

Evolution de la température moyenne en été, en France, de 1860 à 2100.

La température d'été a été calculée à l'aide du modèle couplé de l'IPSL en utilisant le scénario A2 sans aérosols. Les points correspondent à la température moyenne des étés successifs (juin, juillet et août) avec une courbe donnant la valeur lissée. La température de l'été 2003 était de 22,6 °C. Sont également indiqués les niveaux correspondant pour le XXe siècle à un été très froid, moyen, ou très chaud.

Alors, cette eau supplémentaire représente-t-elle une bonne ou une mauvaise nouvelle ? Hélas, plus les études s'accumulent, et plus il apparaît que le surplus de pluie bénéficie à bien peu de monde. Au XXe siècle, les précipitations ont augmenté de 7 à 12 % aux latitudes moyennes et hautes (entre 30°N et 85°N) et de 2 % entre 0°S et 55°S. Même au niveau régional, l'irrégularité domine. Cette humidité supplémentaire s'observe, en effet, essentiellement en automne et en hiver dans l'hémisphère Nord. C'est ce qui s'est passé en France ces dernières années : plus de pluies l'hiver, et moins l'été. Ce phénomène semble se traduire par une plus grande proportion de pluies torrentielles en Europe comme aux États-Unis.

Globalement, sur la planète, le réchauffement se traduira par une augmentation des précipitations de 5 à 20 %. Ces précipitations supplémentaires continueront de se répartir de manière très inégale suivant la région et la saison considérée. Tellement inégales, à vrai dire, qu'il est bien difficile de savoir aujourd'hui ce qui se passera localement en Afrique. Si les régions du Sahel sont susceptibles de tirer un léger avantage du réchauffement, la règle générale conjuguera rareté de l'eau, désertification accrue et pauvreté croissante. Rien d'aussi dramatique dans nos régions, mais toujours des contrastes. Les habitants du nord

Sécheresse au Sahel. Photographie Valérie Roche.

de la France doivent s'attendre à plus de précipitations en hiver, avec en outre une augmentation des événements de forte précipitation et des risques accrus d'inondation. Ceux du pourtour méditerranéen souffriront de sécheresse l'été, accentuée par une évaporation plus intense. La limite entre ces deux régimes reste imprécise...

Le niveau des mers

Le niveau des mers a augmenté de 10 à 20 cm au cours des 100 dernières années. Contrairement à ce que l'on pourrait penser, cette hausse a été peu alimentée par la fonte des glaciers tempérés et des calottes polaires. Elle est due pour l'essentiel à la dilatation thermique. Heureusement, le cœur des inlandsis, ces énormes chapes de glaces qui recouvrent le Groenland et le continent Antarctique, est pour l'instant à l'abri d'une fonte massive grâce aux températures très basses qui y règne. Les modèles prévoient que la dilatation thermique des océans et la fonte des glaciers de montagne conduiront à une hausse du niveau des mers de 11 à 77 cm d'ici 2100. La fourchette d'incertitude est large. Mais quoi qu'il en soit, de nombreuses zones côtières, des deltas, des îles, seront inondés. Les îles basses du Pacifique, comme les Maldives, seront les premières touchées. En France les côtes sans relief seront progressivement grignotées : Languedoc, Camargue, Bassin d'Arcachon. Les deltas, submergés par l'eau salée, deviendront impropres à l'agriculture. Une élévation de 40 cm, telle qu'elle est prévue à la fin du siècle, affecterait près de 250 millions de personnes. Certes ce chiffre pourrait être limité à 100 millions si des mesures de protection étaient prises. Mais il est plus facile d'agir aux Pays-Bas qu'au Bangladesh et à l'évidence chacun n'a pas les mêmes moyens de faire face à ce problème. Un problème qui deviendra critique à long terme. Les océans réagissant avec un temps de retard au réchauffement, l'élévation du niveau des eaux devrait s'accélérer au fil du siècle. D'où de grosses inquiétudes pour le siècle suivant. On estime que si le niveau de la mer augmente de 100 cm, 20 % du territoire du Bangladesh sera inondé, 12 % du Vietnam, ainsi que, dans une proportion nettement moindre, l'Indonésie et la Malaisie.

Des satellites mesurent la hauteur d'eau

Alors que le réseau de jauges sur les côtes et en mer, dans les îles, est peu important, les mesures par altimètres radars sur satellite couvrent le monde entier de manière homogène. Ces données sont très fiables puisqu'elles donnent la distance de la surface de l'eau par rapport au centre de la Terre. Finis les biais dus aux mouvements du sol qui affectaient les jauges ! Il faut cependant connaître avec exactitude l'altitude du satellite (qui change avec le temps), ce qui se fait en comparant la distance du radar avec plusieurs balises fixées à terre. Depuis 1992, c'est le satellite Topex-Poséidon, un bel exemple de coopération entre le CNES (centre national d'études spatiales, en France) et la NASA américaine qui a donné des informations les plus intéressantes pour la climatologie. Ses données montrent que la hausse du niveau des mers dans les années 1990 s'est accélérée par rapport au XXe siècle. Elle est environ de 3 mm par an entre 1993 et 1998. Depuis 2001, Topex-Poséidon est épaulé par Jason, destiné à le remplacer.

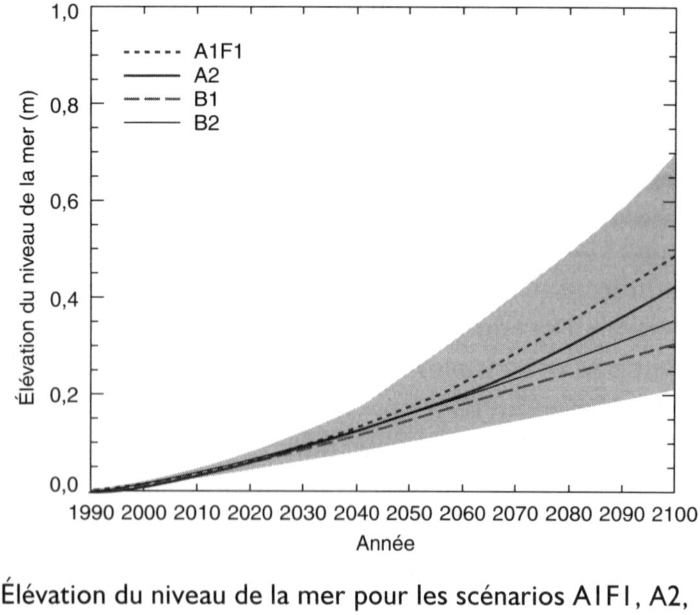

Élévation du niveau de la mer pour les scénarios A1F1, A2, B1 et B2.

L'enveloppe grisée inclut l'ensemble des scénarios en tenant compte des diverses sources d'incertitude. Source GIEC.

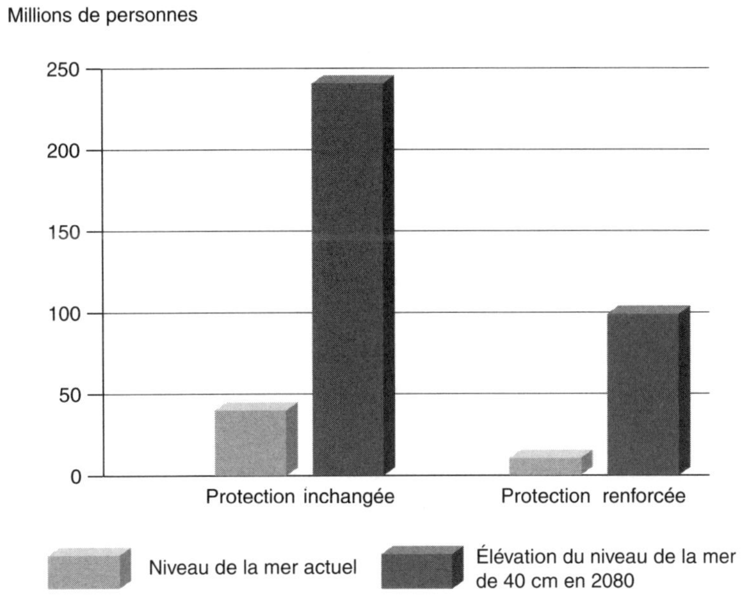

Projection du nombre moyen annuel de personnes inondées par les tempêtes côtières actuellement, et en 2080 (dans le cas d'une élévation du niveau de la mer de 40 cm).

La fonte des glaces

Les glaciers alpins, la banquise, les surfaces enneigées ont semble-t-il déjà subi les premiers effets du réchauffement climatique. Au total, la surface de la planète recouverte de neige a diminué de 10 % depuis la fin des années 1960. Partout dans le monde, les glaciers battent en retraite, abandonnant à leurs pieds des champs de moraines. Le phénomène est particulièrement important sur tout l'hémisphère Nord, et notamment dans les Alpes. Les glaciers les plus petits, et les moins hauts, seraient les plus fragiles. En observant d'anciennes gravures et des mesures objectives effectuées plus récemment, une équipe grenobloise a estimé que la surface des glaciers alpins avait diminué de 30 à 40 % depuis la fin du Petit Âge glaciaire. Le mouvement s'accélère depuis 30 ans et a été particulièrement marqué en 2003.

L'hémisphère Sud n'est cependant pas en reste, puisque l'on a constaté une forte régression des glaciers andins, en Bolivie, en Équateur, et au Pérou. Là-bas pourtant, le régime des glaciers est fort différent, puisque la période humide (entre avril et septembre), qui les alimente, est également la période la plus chaude, pendant laquelle ils perdent le plus de masse. Malgré ce mode de fonctionnement diamétralement opposé, la diminution des glaciers andins s'accélère elle aussi depuis 20 ans.

Il y a glace et glace

La Terre porte différents types de glaces. On distingue les glaciers formés par l'accumulation de neige, et la banquise, formée à partir de l'eau de mer.

On trouve des glaciers de montagne sur les cinq continents (essentiellement en Amérique, dans la Cordillère des Andes et les Rocheuses, en Europe dans les Alpes, en Asie centrale dans l'Himalaya et en Russie). Mais 99 % de l'eau douce gelée est emprisonnée dans les calottes glaciaires qui recouvrent le continent Antarctique et le Groenland. On parle de calottes ou d'inlandsis car cette glace recouvre les reliefs. Ces glaciers s'avancent sur la mer, et forment des plateformes de glace. Au fur et à mesure de l'avancement du glacier continental, qui progresse sous l'effet de son propre poids, ces plateformes vêlent des icebergs. Les icebergs sont donc constitués d'eau douce.

L'eau salée gèle quant à elle dans des conditions particulières, à – 2 °C. Elle constitue la banquise qui recouvre le pôle Nord (il n'y a là aucun continent susceptible de porter des précipitations neigeuses). On trouve également de la banquise autour du continent Antarctique.

Que prévoyons-nous pour les années qui viennent ? Pour répondre à cette question, il faut savoir simuler l'évolution des glaciers. Le changement climatique a des effets contradictoires suivant les régions. La chaleur provoque certes la fonte des glaces, et ceci essentiellement en été, mais la hausse de l'humidité génère des précipitations plus importantes qui alimentent les glaciers. Lequel des deux phénomènes prendra le pied sur l'autre ? En général, les précipitations ne compenseront pas l'effet du réchauffement. Si, dans certaines régions très précises, les conditions climatiques permettront aux glaciers de se maintenir, globalement, la plupart des glaciers continueront leur retrait. À court terme certains glaciers de basse altitude sont condamnés.

La durée de l'enneigement devrait également diminuer. Depuis 50 ans, la limite enneigée ne cesse de monter, et le mouvement va s'accentuer. À 1 500 m d'altitude, la durée d'enneigement devrait diminuer de 20 à 25 % dans les Alpes du Nord, de l'ordre de 30 % dans les Alpes du Sud, voire de 40 % dans les Alpes azuréennes. Les premières neiges seront également plus tardives dans les Pyrénées.

Mais la perspective de la fonte de ces glaciers n'est rien face à celle des inlandsis qui recouvrent le Groenland et l'Antarctique. À eux seuls, ils contiennent assez d'eau pour augmenter le niveau des mers de 70 m ! Si l'on se souvient qu'une hausse de 1 m inonderait 20 % du Bangladesh, la fonte de seulement une petite fraction de ces énormes chapes de glace aurait un effet important sur toutes les régions du globe. Que l'on se rassure, les quelques simulations actuelles ne disent rien de tel. Les altimètres emportés à bord d'un avion ou d'un satellite, qui sondent la glace au moyen d'un faisceau laser, donnent l'image d'une calotte Antarctique imperturbable. Cette masse gigantesque de glace, qui représente 90 % des glaces terrestres, subit le réchauffement comme tout le monde. Mais avec une température moyenne de – 70 °C l'hiver, et – 30 °C l'été, il n'est pas près de fondre. Certains modèles disent même que l'augmentation de l'humidité sur l'Antarctique pourrait lui permettre de grossir ! Dans le siècle qui vient, il est donc peu probable que la fonte des glaces continentales, hors glaciers, soit significative.

Le bilan des glaciers

Les glaciers terrestres (glaciers de montagne et inlandsis) gagnent et perdent de la matière en continu. La glace s'écoule à l'intérieur d'un glacier, de 10 m à quelques centaines de mètres par an. Dans les glaciers de montagne, elle s'écoule vers la vallée, dans les calottes polaires, vers la mer. Lorsqu'elle rejoint ces frontières, elle fond, ou se détache du glacier sous forme d'icebergs. Cette perte de masse est compensée par les précipitations de neige ou de pluie. Le glacier perd de la glace dans la zone d'ablation (par fonte, évaporation, ou vêlage d'icebergs) et en gagne dans la zone d'accumulation. Le bilan du glacier est la différence entre l'accumulation et l'ablation. S'il est positif, le glacier grossit. S'il est négatif, il est en retrait.

Il n'en est pas de même pour la banquise. Cette eau de mer gelée, que l'on trouve principalement au Pôle Nord, subit le réchauffement de plein fouet. À certains endroits l'épaisseur de la glace d'été (glace permanente donc) aurait diminué de 40 %. Entre 1978 et 2000, l'Arctique a perdu 1,2 million de km^2 de glace permanente, soit une surface égale à plus du double de celle de la France métropolitaine. Si la banquise continue de s'effriter à ce rythme, elle aura disparu en 2100. L'avenir s'annonce sombre pour les 155 000 Inuits implantés au Canada, au Groenland, en Russie, et en Alaska. Le mode de vie de ces populations, en partie fondé sur l'existence de la banquise, où ils pêchent et chassent, est menacé.

Les catastrophes climatiques

Plus fréquentes ? Plus violentes ? Plus mortelles ? Plus coûteuses ? Un simple raisonnement logique voudrait que les catastrophes climatiques se renforcent. La chaleur de l'atmosphère, ou celle de l'océan, constitue un stock d'énergie qui se libère au cours de phénomènes violents, tempêtes ou cyclones. Le réchauffement de la surface terrestre devrait donc exacerber ces phénomènes.

Cette tendance n'est cependant pas avérée actuellement. Aucune étude ne dit avec certitude que la fréquence ou l'intensité des événements extrême a d'ores et déjà augmenté. Les terribles inondations qui ont affecté l'Europe Centrale au mois d'août 2002 ont été, de l'avis des spécialistes, le fruit d'une coïncidence désastreuse. Un cyclone qui avait disparu, puis était réapparu sur cette région, a pris tout le monde par surprise. Il était suivi, quelques jours plus tard, par un second cyclone, plus puissant, qui s'est trouvé immobilisé par une zone de hautes pressions. Toute son eau s'est déversée sur une zone géographique restreinte.

Inondation au Bangladesh.
Photographie DigitalVision.

La tempête du XXe siècle

Les tempêtes qui frappent l'Europe proviennent de perturbations apparues du côté de Terre-Neuve. À la fin de l'automne, le contraste de température entre les masses d'air tropicales chauffées par l'océan et les masses polaires déjà très froides donne naissance à des perturbations. Elles traversent l'Atlantique en quelques jours, en longeant le 50e parallèle. Un tel couloir, appelé rail, fonctionne un peu comme un tapis roulant dont le moteur serait situé à 9 km en altitude : ce sont les courants-jets, des tubes de vents très forts. Les tempêtes se suivent sur ces rails au rythme d'une par jour en hiver. Mais la plupart se perdent en mer. Lorsque le rail se dirige vers la France, il provoque généralement des tempêtes qui traversent le pays en 3 jours, avec une vitesse de l'ordre de 50 km/h.

Le 26 décembre 1999, une très profonde dépression traverse le nord de l'Europe à une vitesse de 100 km/h. Jamais les archives de Météo France n'avaient enregistré une telle violence, avec des vents soufflant souvent à plus de 150 km/h (184 km/h à l'île d'Ouessant). Cette première tempête a surpris tout le monde : elle a traversé l'Atlantique en 24 heures ! Les dégâts ont été considérables. Pas loin de 150 morts, des forêts entières dévastées, des monuments historiques atteints. Déjà violente lorsqu'elle a touché la Bretagne, la tempête s'est en effet accentuée sur terre, en raison d'une interaction directe avec les courants-jets d'altitude qui étaient proches de 400 km/h. Le lendemain, une seconde tempête d'une violence comparable a accentué les dégâts.

Rien ne sert d'évoquer des événements aussi ponctuels. Pour avoir une tendance générale, il faudrait disposer de chiffres comparables sur tout le globe et sur plusieurs décennies. C'est là que le bât blesse. Car les banques de données sur le sujet sont encore trop rares et couvrent des périodes trop faibles. Les mesures de la force des tempêtes ont été, en outre, longtemps aléatoires. Le centre national des cyclones à Miami, en Floride, recueille, par exemple, des données depuis les années 1960. À cette époque, on ne précisait pas en détail comment estimer l'importance de ces phénomènes. Des chercheurs américains ont néanmoins tenté de recouper toutes les informations concernant les cyclones ayant frappé les côtes atlantiques depuis 1800. Les articles de journaux, les lettres, les rapports locaux, ont été épluchés. Ils donnent essentiellement des informations sur la trajectoire des phénomènes, leur durée, et les dégâts occasionnés. Pour avoir une idée de la force des vents, il a fallu consulter les journaux de bord des bateaux. Par chance, ceux-ci estiment tous la force des vents de la même manière. Les marins parlent en « beaufort », une échelle déduite de l'effet du vent sur leurs voiles. Et, deuxième coup de chance, les bateaux embarquent tous depuis la fin du XIXe siècle un baromètre. La lecture de la pression permet de déduire la vitesse maximale des vents. Les chercheurs ont également recensé les hauteurs d'eau sur les côtes ou dans les marécages. La chute de pression au cœur du phénomène fonctionne en effet comme une ventouse qui fait monter le niveau des eaux localement. La montée des eaux pendant un cyclone permet donc d'estimer la dépression qui le fait avancer. Ces travaux menés sur plusieurs années révèlent que les cyclones se déchaînent par cycles d'une ou plusieurs décennies. Ni leur fréquence, ni leur intensité, ne semble s'amplifier.

Une étude systématique sur la France a elle aussi montré une stabilité dans le nombre de tempêtes entre 1950 et 1999. Cette étude sera complétée, élargie dans l'espace et dans le temps, pour vérifier cette stabilité apparente.

El Niño, un phénomène ancien

El Niño n'est pas lié au réchauffement climatique. Les coraux et les carottages dans la glace l'ont montré : cette oscillation des températures sévit depuis plus de six mille ans. Elle a certainement été active au cours de périodes plus lointaines. Les climatologues craignent que le réchauffement accentue le phénomène mais les résultats des différentes simulations n'apportent pas encore de réponse cohérente à cette question.

Les épisodes de pluies violentes seraient quant à eux légèrement plus fréquents (de 2 à 4 %) depuis les années 1950 dans les régions de l'hémisphère nord situées aux latitudes moyennes ou hautes. Ces précipitations ne sont cependant pas forcément synonymes d'inondations.

À l'avenir, cette tendance devrait cependant s'affirmer. Tout en restant prudent, le dernier rapport du GIEC dessine un futur, encore assez flou, dans lequel les phénomènes extrêmes reviendraient plus fréquemment qu'aujourd'hui : augmentation « très probable » des températures maximales, du nombre des canicules, et de l'intensité des précipitations; augmentation « probable » des sécheresses à l'intérieur des continents et, dans certaines régions, de l'intensité des cyclones. S'il n'est pas démontré que les catastrophes météorologiques récentes soient le signe d'un changement climatique, il est très vraisemblable que ce changement climatique s'accompagnera d'une augmentation de ces événements au moins dans certaines régions, avec un risque de modification des trajectoires et donc des régions affectées. Cela vaut également pour la France. Les premières simulations qui tentent de déterminer l'impact, région par région, du changement climatique laissent entrevoir que le nombre et l'intensité des tempêtes venues de l'Atlantique pourraient augmenter. Les crues, responsables de terribles inondations en 2002 et 2003, risquent également de faire parler d'elles avec l'augmentation des précipitations automnales.

Les profondes transformations qui affectent le climat auront donc une forte incidence sur notre quotidien. Notre environnement, notre qualité de vie, parfois nos vies elles-mêmes, sont menacés.

Chapitre 10
Est-ce grave, docteur ?

Les températures vont monter. Le niveau de la mer grignotera nos côtes. Les pluies s'intensifieront. Les événements extrêmes seront plus fréquents. Mais est-ce si grave ? Quelles seront les conséquences de la hausse des températures sur l'Homme et ses activités ? Après tout, moyennant quelques précautions, ne serait-il pas possible de s'y adapter en douceur… ?

Biodiversité en chute libre

Dans de nombreux endroits du globe des observations s'accumulent. Les espèces migrent, les populations changent de taille, les dates d'accouplement ou de migration évoluent. Tous ces changements vont dans le même sens : les espèces montagnardes montent en altitude, les autres se déplacent vers des latitudes plus hautes, les phénomènes printaniers (naissances, floraison) ont lieu de plus en plus tôt.

C'est ainsi que depuis quelques années, les entomologistes observent des insectes dans des endroits où ils n'avaient jamais été vus jusqu'ici. Un certain charançon vivant sur les roses trémières du sud de la France a, par exemple, envahi tout le territoire. Des sauterelles, des libellules, la mante religieuse ont poussé vers le nord. Un papillon de nuit, le sphinx du caille-lait, se retrouve aujourd'hui en Grande-Bretagne. Une espèce chassant l'autre, certains insectes qui vivaient habituellement sur le continent africain arrivent dans le Midi de la

France. Le monarque africain est de ceux-là. Ces changements d'habitat n'ont pas uniquement un intérêt pour les entomologistes. Elles inquiètent également les agriculteurs et les écologistes qui voient d'un mauvais œil arriver des pestes étrangères. Au cours des 15 dernières années, les forêts d'Alaska ont été ravagées par un coléoptère qui a fait plus de dégât qu'aucun autre en Amérique du Nord. Dans la péninsule du Kenai, sur la côte sud, ce ravageur a tué 40 millions d'épicéas. Il est attiré par les étés chauds qui y sévissent depuis plusieurs années.

Début 2003, une scientifique américaine de l'université du Texas, à Austin, a fait le compte. Elle a rassemblé des données sur 1 700 espèces animales et végétales, accumulées sur 20 à 100 ans. En moyenne, les habitats des espèces sauvages ont reculé de 6 km vers le nord tous les 10 ans. Les activités printanières comme l'accouplement des grenouilles, la fabrication de nids, les floraisons ont gagné 2 jours sur la saison chaque décennie tandis qu'en montagne, certaines espèces végétales remontent de 1 à 4 m. Les décalages peuvent perturber les équilibres fragiles qui s'étaient lentement établis. Les espèces qui migrent pour retrouver une température acceptable ne retrouvent pas exactement les mêmes conditions de vie. Leurs proies ne se sont pas forcément déplacées comme elles, les sols qui les accueillent peuvent être différents, ils peuvent se heurter à des villes, ou à la mer. Les espèces qui montent en altitudes se voient confrontées à une atmosphère appauvrie en oxygène. Les fleurs qui s'épanouissent plus tôt ne disposeront plus forcément d'insectes pollinisateurs au moment où elles sont fécondes, etc. L'adaptation sera parfois difficile, voire impossible.

Le nombre d'espèces considérées comme en danger grandira, et celles que l'on considère comme vulnérables disparaîtront. Plusieurs espèces sont d'ores et déjà menacées par le réchauffement. Au nord, les rennes, caribous, et autres ongulés fuient les zones où il a plu. Car la pluie s'infiltre dans la couche de neige, et forme une plaque solide entre la végétation du sol et la neige. Mousses et lichens deviennent difficilement accessibles aux troupeaux. Le réchauffement, qui s'annonce plus important dans les hautes latitudes de l'hémisphère Nord, risque de leur être fatal.

En mer, des bouleversements vont s'opérer. Pour les espèces qui aiment l'eau froide, de nombreux habitats vont être perdus. Les espèces d'eau chaude en profiteront. Parmi les espèces marines, les coraux tropicaux souffrent particulièrement de la chaleur. Ces animaux qui vivent en colonies, et dont les squelettes forment des massifs, sont extrêmement sensibles aux variations de température. Une hausse de 1 °C les rend malades. Au-delà de 3 °C, c'est la mort assurée. Car les coraux sont incapables de survivre sans une algue unicellulaire qu'ils abritent dans leurs tissus vivants. Cette algue photosynthétique, une zooxanthelle, se charge pour eux de transformer l'énergie solaire en matière organique, qui compose le menu quotidien de nos coraux. Les pigments de cette algue, qui captent la lumière, sont à l'origine de leurs couleurs variées. Or, quand la chaleur les suffoque, les coraux expulsent leur hôte bienfaisant. Ils deviennent blancs, et meurent. Beaucoup de coraux tropicaux vivent aujourd'hui dans une eau dont la température est très proche de leur limite supérieure supportable. Déjà fragilisés par la pollution des eaux et par la pêche, ils ne supporteront pas une hausse supplémentaire. En 1998, plusieurs massif corraliens ont presque entièrement péri. Une étude australienne prévoit que les 345 000 km^2 de la Grande-Barrière de corail australienne auront disparu en 2050 si le réchauffement continue à s'amplifier.

Un article paru début 2004 enfonce le clou... Une équipe internationale a tenté de simuler l'extinction des espèces due à la disparition de leur habitat naturel. Leur conclusion est alarmante. Environ un quart des espèces animales aurait disparu dans 50 ans...

Agriculture : les inconvénients l'emporteront

Le réchauffement est en train de changer l'agriculture dans le monde entier. En Europe, les récoltes de l'année 2003 ont été mauvaises. Les rendements ont baissé de 2 % pour la pomme de terre à 25 % pour le tournesol. Les vagues de chaleur ont diminué les rendements des champs de maïs et de betterave italiens d'un quart. Au Portugal, la récolte de blé a diminué d'un tiers. Dans le nord de l'Europe, les effets ont été inverses. Sous l'effet de la chaleur, les rendements de la betterave sucrière ont connu une augmentation de 25 % en Irlande, et 5 % au Danemark et en Suède, pendant que ceux du colza gagnaient 12 % en Finlande !

Ces premières observations collent parfaitement aux prévisions. L'Europe du Nord, plus humide et plus chaude, devrait voir son agriculture s'épanouir et les rendements s'envoler, tandis que l'Europe du Sud cumulera les sécheresses catastrophiques. Certaines régions seront sans doute contraintes d'abandonner l'agriculture. Dans la compétition pour une eau devenue rare les usages domestiques devraient être privilégiés face aux arrosages ruineux et vains.

Les prévisions pour l'Afrique restent encore incomplètes. La diversité des climats africains, la très grande irrégularité des précipitations, et la minceur du réseau d'observation font que les experts du GIEC ne s'aventurent pas dans les prédictions, même s'ils craignent que la désertification gagne du terrain. En Asie, comme en Europe, la diversité régionale domine. Les régions situées aux hautes latitudes devraient profiter du réchauffement, tandis que les rendements agricoles baisseront aux latitudes moyennes. La plupart des céréales accuseront le coup en Chine. En Inde, les productivités du blé et de riz seront les plus touchées. On craint là-bas les ravages des maladies céréalières qui ne manqueront pas de proliférer avec l'humidité et la chaleur. Aux États-Unis, la majeure partie du pays devrait bénéficier d'une humidité croissante. L'agriculture dans les régions côtières, l'Est en particulier, sera privilégiée. Les régions centrales, elles, manquent déjà d'eau. Le Kansas, le Colorado et le Nebraska risquent de s'assécher encore plus.

D'après les experts du GIEC, un réchauffement de 1 à 2 °C devrait s'avérer globalement bénéfique pour l'agriculture mondiale, d'autant qu'il s'accompagnera d'un enrichissement bénéfique (pour les végétaux) de l'atmosphère en gaz carbonique, qui donne un coup de fouet aux végétaux en croissance. Mais au-delà, (et la limite risque d'être vite franchie), le bilan s'annonce plus sombre. D'ici quelques décennies, les bilans agricoles mondiaux risquent de s'effriter si l'augmentation de l'effet de serre n'est pas maîtrisée.

Comment savoir à quel moment l'offre alimentaire mondiale ne sera plus suffisante ? En regardant les prix des produits agricoles. Les simulations actuelles montrent que les prix devraient commencer à augmenter si le réchauffement global dépasse la barre des 2,5 °C. À ce moment-là, l'offre commencera à être inférieure à la demande pour certains produits. De plus en plus de gens manqueront de nourriture.

Dans l'ensemble, cette évolution n'a rien d'insurmontable à l'échelle du XXIe siècle pour les pays développés. Pour les autres en revanche, la vie des populations sera en jeu. Les populations les plus fragiles devront migrer. Les populations déplacées, qui devront quitter les régions désertifiées viendront grossir le flux des émigrés dans les pays environnants. D'où des tensions dans les régions d'accueil…

Des risques pour l'industrie

Le 15 août 2003, en plein après-midi, la demande d'électricité à New York a dépassé de près de 80 % la demande habituelle. À 16 h 11 une coupure d'électricité géante paralysait la région, de New York à Toronto et Cleveland, dans l'Ohio, touchant 60 millions de personnes. Saturé, le système aurait répercuté une panne sur toute la région. Quatre jours avant, la ministre française de l'Écologie, Roselyne Bachelot, avait exhorté les Français à modérer leur consommation d'énergie pour faire face aux risques de pénurie, notamment en réduisant la climatisation. En France, depuis les années 1980, la demande de climatisation augmente d'environ 20 % par an. Au cours de cet été de canicule, la consommation électrique dans le pays a augmenté de 10 % par rapport à l'année précédente. La chaleur devient un facteur de consommation énergétique important.

Il est fort probable que la demande énergétique ira en s'amplifiant dans les années qui viennent. Les réseaux électriques étant plus gros, plus complexes, et plus anciens, souvent moins bien entretenus par souci de rentabilité, leur fiabilité sera mise à dure épreuve. Les coupures d'électricité sont d'ores et déjà plus fréquentes en été qu'en hiver dans certains États américains comme la Californie. Le phénomène risque de s'accentuer.

En France, plusieurs centrales classiques ou nucléaires ont frôlé l'interruption de service lors de la canicule 2003. Seize centrales françaises ont fonctionné hors normes pendant quelques jours. L'eau qui sert traditionnellement à refroidir les réacteurs est en effet rejetée dans le milieu naturel, dans un fleuve ou en mer, soit directement, soit après être passée dans des tours aéroréfrigérantes. Pour minimiser les effets sur l'environnement, la température de ces eaux ne doit pas dépasser un certain seuil spécifique à chaque centrale. Les conditions climatiques de cet été-là avaient cependant élevé la température des cours d'eau d'environ 5 °C au-dessus des valeurs moyennes historiques. EDF a donc bénéficié d'une dérogation. De telles dérogations ne peuvent être qu'exceptionnelles. Par ailleurs, la centrale nucléaire de Fessenheim a failli elle aussi être arrêtée, mais pour une toute autre cause. La température dans l'un des réacteurs atteignait 48 °C. Or les normes de sécurité imposent l'arrêt de l'activité à partir de 50 °C. Pour éviter l'interruption, EDF a alors arrosé le réacteur avec de l'eau puisée dans une nappe phréatique, solution peu efficace et écologiquement peu acceptable, qui, heureusement, n'a pas été nécessaire longtemps.

La question se pose différemment en Afrique où de nombreux pays ont investi dans l'énergie hydroélectrique. Dans certaines régions, les niveaux des lacs de stockage atteignent des niveaux inquiétants qui mettent en danger leur développement. Les barrages européens ne risquent rien a priori. La diminution de l'enneigement devrait être compensée par l'augmentation des précipitations.

Dans l'ensemble donc, la production d'énergie pâtira du réchauffement. Et avec elle, toutes les industries qui en dépendent. De nombreuses autres industries devront s'adapter à des changements rapides. Prenons l'exemple du tourisme. Chaque année, 100 millions de vacanciers choisissent la Méditerranée comme lieu de villégiature. C'est le plus gros mouvement touristique au monde. Mais le vent est en train de tourner. Or d'ici peu le coin va devenir nettement moins agréable… Trop chaud… Certains endroits, comme les Maldives, sont même condamnés à disparaître sous les mers. D'autres bouleversements risquent d'affecter le secteur touristique. Citons, par exemple, la diminution de l'enneigement dans les Alpes ou les Pyrénées. Depuis 50 ans, la limite enneigée ne cesse de monter. La couverture neigeuse n'est d'ores et déjà plus assurée tout au long de la saison hivernale. Les stations de ski se préparent à ces changements, en s'équipant de canons à neige, et en développant les loisirs d'été. Mais ce n'est pas le cas de pays comme la Grèce, le Maroc ou la Tunisie, où le tourisme représente une des premières sources de revenu.

Enfin, d'autres industries devront s'adapter au changement climatique. L'agroalimentaire verra ses sources et ses produits changer, l'assurance est de plus en plus confrontée au coût faramineux des catastrophes naturelles, etc. Tout cela ne se fera pas toujours en douceur. Il est rare que les industries anticipent sur le changement climatique, et celui-ci sera d'autant plus douloureux.

Et l'Homme dans tout cela ?

Nul n'a oublié la canicule de l'été 2003. En France, la mortalité a augmenté de 60 % par rapport à la mortalité moyenne entre le 1er et le 20 août. Un tiers de ces morts en surnombre sont liées à la déshydratation, à une hyperthermie ou à des coups de chaleur. 20 % sont décédés de maladies cardiovasculaires, et presque 8 % de problèmes respiratoires.

Fin 2003, l'Organisation Mondiale de la Santé (OMS) a rendu un rapport alarmant sur l'impact du changement climatique sur la santé humaine. Les médecins craignent les effets directs des excès de chaleur. Dans nos pays, certaines pathologies progresseront. Le refroidissement corporel faisant intervenir le muscle cardiaque, les maladies cardiovasculaires sont en première ligne. Les calculs rénaux également : pour limiter ses pertes en eau, l'organisme freine l'activité urinaire, ce qui concentre les urines où peuvent se former des cristaux, puis des calculs. Au-delà des effets directs, l'OMS redoute l'impact qu'aura la pollution de l'air, déjà responsable de 30 000 décès en France. La chaleur accélère en effet les réactions chimiques qui s'opèrent entre les polluants et les composants de l'atmosphère, entre les polluants et les organismes vivants. Lorsque la canicule règne, l'air des grandes métropoles devient irrespirable. Les allergies se banalisent, l'asthme progresse notamment dans les grands centres urbains. Une tendance avérée, peu réjouissante, et que le réchauffement accentuera.

Les pays occidentaux devraient cependant s'adapter aux vagues de chaleur. Il n'en est pas de même dans les pays qui souffrent de sécheresses récurrentes. 1,7 milliard de personnes vivent aujourd'hui dans une région en état de stress hydrique. Elles devraient être 5 milliards en 2025. Et le réchauffement climatique, s'il n'est pas la cause première de ce phénomène, ne fait que l'accentuer. L'eau disponible dans les cours d'eau et les nappes phréatiques devrait diminuer dans la plupart de ces régions, en Asie centrale, dans le sud de l'Afrique, et dans les pays méditerranéens. Depuis le milieu du siècle, la quantité d'eau disponible pour un Africain a diminué de 75 %. Ceci est essentiellement dû à l'augmentation de la population, mais aussi à la diminution du débit des cours d'eau.

À côté de ces effets directs, on craint une prolifération de certaines maladies. L'augmentation des inondations risque d'augmenter les diarrhées et les maladies respiratoires. Les sécheresses apporteront leur lot de famines. Et certains vecteurs de maladies, comme les moustiques ou les tiques, vont s'installer dans des régions nouvelles, où les habitants ne sont pas immunisés. Actuellement, 40 % de la population mondiale vit dans une zone ou sévit la malaria. Dans 50 ans, cette maladie pourrait concerner 60 % de la population. De la même manière, de plus en plus de gens seront susceptibles de contracter la dengue, le leishmansiasis, certaines encéphalites, la maladie de Lyme, etc. Les nouvelles zones à risques se situent essentiellement dans les pays développés, ce qui devrait limiter les dégâts. Une bonne organisation sociale, une politique anti-moustique efficace devraient éviter la propagation de ces maladies. Pour pousser l'optimisme un peu plus loin, on peut aussi envisager que l'intérêt nouveau que ces maladies susciteront pourrait provoquer l'apparition de traitements et de vaccins efficaces, qui sait...

L'optimisme n'est cependant pas de mise sur l'ensemble de la planète. Dans les pays développés, le réchauffement se traduira essentiellement par des coûts supplémentaires pour les entreprises et les systèmes de santé nationaux. Les pays en voie de développement souffriront beaucoup plus et des vies humaines sont en jeu. Le monde de nos enfants s'annonce donc plus inégalitaire encore que le nôtre. Si nous ne faisons rien, il risque de devenir invivable sur certains endroits de la planète d'ici un siècle. Et cela concerne nos petits-enfants et arrière-petits enfants. Quel monde voulons-nous leur léguer ?

Un réchauffement bénéfique ?

Certains pays s'en sortiront donc mieux que d'autres, voire profiteront du réchauffement. Beaucoup de chercheurs russes sont d'avis que le réchauffement climatique pourrait avoir des effets bénéfiques pour leur pays en permettant l'extension de l'agriculture dans le nord de la Russie et en Sibérie. C'est d'ailleurs une des raisons pour lesquelles la Russie n'a pas encore ratifié le protocole de Kyoto. Peut-être, mais il faut garder en tête que le réchauffement se traduira par une augmentation de la variabilité du climat. Une étude américaine a ainsi montré, en 1999, que si une augmentation moyenne de température pourrait être intéressante pour l'agriculture américaine, ce n'est plus le cas si elle s'accompagne d'une plus grande variabilité climatique d'une année sur l'autre. En général, dès que l'on prend en compte la variabilité du climat et les extrêmes climatiques, l'évaluation de l'adaptation change du tout au tout.

L'impact du changement climatique ne sera évidemment pas le même partout. Les pays les plus pauvres auront plus de mal à s'adapter et les inégalités entre pays se creuseront. Le PNB est aujourd'hui l'outil utilisé pour mesurer la bonne santé financière des États les économistes s'en servent pour chiffrer le coût du réchauffement. Globalement, car ce sont les pays occidentaux qui produisent le plus de richesse, un réchauffement de quelques degrés ne devrait pas affecter le Produit National Brut (PNB) mondial. Au-delà de 1 ou 2 degrés, celui-ci devrait cependant commencer à baisser de quelques points. Mais l'influence du réchauffement sur cet indice économique n'est sans doute pas le meilleur moyen de mesurer son impact sur la qualité de vie des habitants de la planète. Nous avons vu qu'il risquait d'affecter la santé, parfois la vie, de milliards de personnes.

De plus en plus vulnérables

L'histoire récente a mis le doigt sur notre vulnérabilité au changement climatique. Les coûts des catastrophes climatiques ont connu une forte augmentation au cours des dernières années. Les pertes annuelles dues à ces événements sont passées de 3,9 milliards de dollars américains dans les années 1950 à 40 milliards dans les années 1990. Le quart de ces pertes a affecté les pays développés. Contrairement à ce que l'on pourrait penser, la plus grande part de cette hausse dramatique n'est pas due à l'augmentation de la fréquence ou de l'intensité des catastrophes naturelles. Elle est essentiellement la conséquence de la croissance démographique, de l'augmentation des richesses, de l'urbanisation dans les zones vulnérables, de la déforestation qui fragilise les sols. Il semble que nous soyons de plus en plus vulnérables. Les inondations de 1998 en Chine, de 1996 et 1997 sur les rives du Rhin, de 1997 et 1998 en Europe de l'Est, de 2000 au Mozambique, l'attestent. Aux États-Unis, les cyclones ont fait plus de dégâts entre 1990 et 1995 qu'entre 1970 et 1990. Pourtant, ils n'ont pas été plus nombreux.

Les communautés les plus vulnérables sont celles qui habitent près des côtes (risques d'inondation, de tempêtes ou de cyclones), les populations dépendantes de l'agriculture dans les zones arides, celles qui occupent des sols de manière illégale notamment dans des zones à risque (marais, pentes des collines escarpées aux abords des villes, etc.). Cette vulnérabilité est exacerbée par la concentration des populations. On recensait 80 villes de plus d'un million d'habitants en 1950, 300 dans les années 1990. Elles devraient être 500 en 2010. Il est essentiel aujourd'hui de protéger ces populations.

Les assureurs, sérieusement échaudés par les événements récents, ont été les premiers à en tirer les conclusions. Les polices d'assurances ont une très nette tendance à la hausse, et couvrent de moins en moins d'événements naturels. Du coup, les gouvernements se retrouvent sur la ligne de front. Des fonds d'indemnisation nationaux sont créés. La construction est soumise à des conditions plus sévères. On fortifie les infrastructures. On étudie les zones à risques. Les bonnes résolutions fleurissent, les ministères concernés assurant que les réglementations de ces zones seront plus strictes et mieux respectées, et que les populations seront préparées. L'avenir nous dira si ces résolutions seront effectivement suivies.

Partie IV

Construire notre avenir

Chapitre 11
Objectif : stabiliser l'effet de serre

C'est aujourd'hui qu'il faut agir. Or, si la prise de conscience du danger a été rapide, les décisions se font attendre. Seule une forte pression des opinions publiques peut aujourd'hui pousser la société entière à chambouler ses pratiques. Il y a urgence. Et au-delà du XXIe siècle, qui verra s'installer un réchauffement plus ou moins important, les siècles suivants sont particulièrement exposés. C'est aujourd'hui que nos pratiques scellent l'avenir de nos proches descendants.

De Rio à Kyoto

En publiant ses rapports, le GIEC a rempli le rôle qui était le sien : « *évaluer l'information scientifique, technique et socio-économique se rapportant à la compréhension du risque de changements climatiques induits par l'homme* ». Mais ce rôle se limite à fournir aux décideurs politiques l'information qui leur est nécessaire. À eux, dès lors, de décider des moyens qu'ils souhaitent mettre sur la table pour éviter les dangers d'un changement climatique lié aux activités humaines. Forts des conclusions du premier rapport du GIEC paru en 1990, les responsables politiques réunis au sommet de la Terre de Rio de Janeiro en 1992 se sont engagés. Ils ont rédigé la Convention Cadre des Nations Unies sur les Changements Climatiques (CCNUCC) qui a pris effet dès 1994. Ratifiée aujourd'hui par plus de 180 pays, dont les États-Unis, son objectif est de : « *stabiliser les concentrations de gaz à effet de serre dans l'atmosphère à un niveau qui empêche toute perturbation anthropique dangereuse du système climatique. Il conviendra d'atteindre ce niveau dans un délai convenable pour que les écosystèmes puissent s'adapter naturellement aux changements, que la production alimentaire ne soit pas menacée et que le développement économique puisse se poursuivre d'une manière durable* ». La volonté est affichée, mais la convention doit se donner les moyens d'être appliquée. Chaque année les représentants des États signataires se retrouvent pour faire le bilan de leur action et concrétiser leur objectif. Berlin (1995), Kyoto (1997), Milan (2003) ont été autant de jalons visant à mettre en place, jusqu'ici sans succès, les règles de limitation des émissions anthropiques des gaz à effet de serre.

Il faut dire que les questions auxquelles les conférenciers doivent répondre sont particulièrement épineuses. Quel est le seuil de concentrations de gaz à effet de serre au-delà duquel notre planète rentrerait dans le rouge ? Est-il possible de définir jusqu'où nous pouvons aller ? Qui doit le faire ? Il faut bien avouer que plus de dix ans après la rédaction de la convention, ces questions n'ont reçu que des réponses très évasives. Scientifiques du GIEC d'un côté, politiques impliqués dans les négociations de l'autre, se renvoient la balle. Pourtant des chiffres circulent. Deux scientifiques américains ont noté par exemple qu'une limitation de la teneur en gaz carbonique à 450 ppm risque de ne pas suffire pour sauver les récifs coralliens. Le chiffre de 550 ppm, correspondant à un doublement par rapport aux valeurs préindustrielles, a également été avancé au niveau européen. Bob Watson, président du GIEC de 1997 à 2002, évoque des chiffres comparables quand, dans un article paru en 2003, il demande que les gouvernements se fixent un objectif draconien, qui pourrait prendre deux formes : une limitation des concentrations en gaz carbonique équivalent à 450 ou 550 ppm, ou une limitation du réchauffement planétaire à 2 ou 3 °C avec une vitesse qui n'excède pas 0,2 °C par décennie.

Pour définir un seuil acceptable, les négociateurs de la Convention Climat se sont tournés vers le GIEC. La réponse des experts du GIEC a été catégorique : pour envisager de stabiliser l'effet de serre, il est nécessaire de faire baisser très fortement les émissions de gaz carbonique bien au-dessous de leur valeur actuelle. Pour que la concentration en gaz carbonique se stabilise, il faut, en effet, que les émissions soient contrebalancées par les puits océanique et biosphérique. Si l'on se contente, par exemple, d'une stabilisation à 1 000 ppm, ce qui du point de vue du climatologue est complètement déraisonnable, il faudra que les émissions annuelles n'excèdent jamais 15 GtC puis reviennent en dessous de leur niveau actuel dans deux siècles. Une stabilisation à 550 ppm requiert que ces émissions annuelles ne dépassent pas 12 GtC en 2040 puis redescendent à leur valeur actuelle vers 2100 et à environ 2 GtC à la fin du XXIIe siècle. Mais si nous nous assignons un objectif, plus raisonnable, de 450 ppm, c'est dès 2020 que les émissions doivent

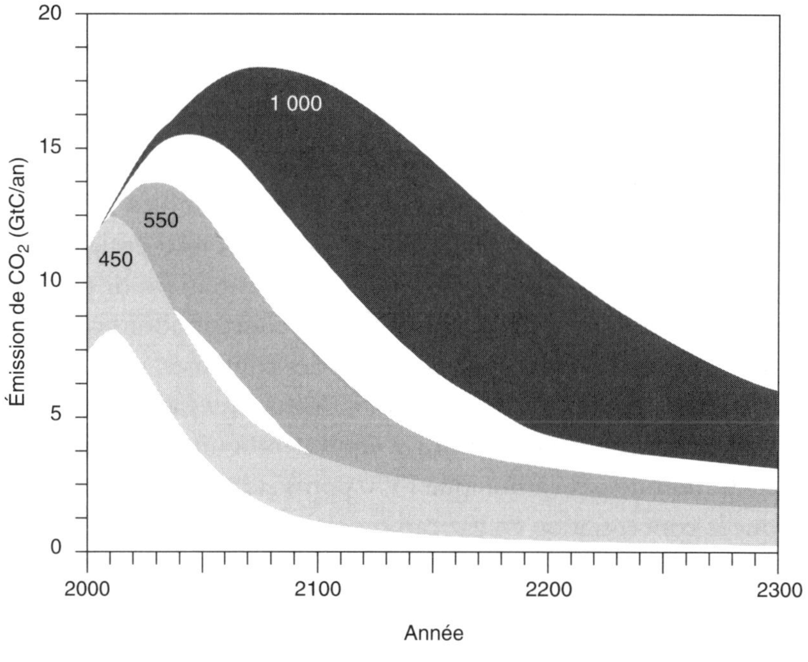

Projection des émissions annuelles de gaz carbonique permettant la stabilisation des concentrations à 450, 550 et 1 000 ppm. Ces émissions sont exprimées en milliards de tonnes de carbone (GtC). Source GIEC.

diminuer pour revenir à leur valeur actuelle en 2040 et environ 2 GtC à la fin du siècle. Et puis l'effort doit continuer. Car l'absorption du carbone reste éphémère. Les puits terrestres et océaniques naturels susceptibles de persister pendant des siècles ou des milliers d'années sont très petits. Le dernier rapport du GIEC indique que leur capacité serait inférieure à 0,2 GtC. Autant dire presque rien…

Mais pourquoi se focaliser sur les émissions de gaz carbonique ? Il n'y a là aucune intention de diaboliser encore plus les combustibles fossiles, mais force est de constater que ce sont bien eux qui posent problème. Non seulement le gaz carbonique contribue de façon majoritaire à l'effet de serre additionnel mais en plus il disparaît très lentement de l'atmosphère. Et si certains scientifiques prônent de s'attaquer en premier lieu à d'autres gaz à effet de serre, peut être plus faciles à maîtriser, ils reconnaissent qu'on ne pourra se passer de limiter également l'utilisation de ces sources d'énergie. En effet, si une action sur le méthane (dont la durée de résidence dans l'atmosphère est voisine de 10 ans) ou sur l'ozone troposphérique présente l'avantage d'être rapidement efficace, elle n'aura, à long terme qu'un effet limité. L'objectif de la convention climat nécessite impérativement de stabiliser la concentration en gaz carbonique. Pour faire bonne mesure, les scénarios de stabilisation élaborés par le GIEC tiennent compte également des autres composés puisqu'ils s'expriment en concentrations de gaz carbonique équivalentes, qui désignent en fait des concentrations conduisant au même forçage radiatif que l'ensemble des composés à effet de serre. Selon cette nomenclature, si les émissions des autres gaz étaient maintenues à leur niveau actuel, le forçage équivalent à un doublement de la concentration de gaz carbonique (550 ppm) sera pratiquement atteint dès que la concentration en gaz carbonique sera de 500 ppm.

L'inertie du système

La vitesse (ou, en l'occurrence, la lenteur) avec laquelle le système réagit aux modifications qui lui sont imposées est traîtresse. Non seulement elle nous empêche de prendre conscience immédiatement des conséquences de nos comportements actuels (il reste encore aujourd'hui dans l'atmosphère du gaz carbonique émis au début de l'ère industrielle !). Mais en plus elle nous cache les bénéfices que nous tirerions des efforts que nous pourrions faire. Lorsque l'effet de serre sera stabilisé par exemple, nous subirons encore une hausse de températures et du niveau de la mer. C'est ce que l'on appelle l'inertie du système.

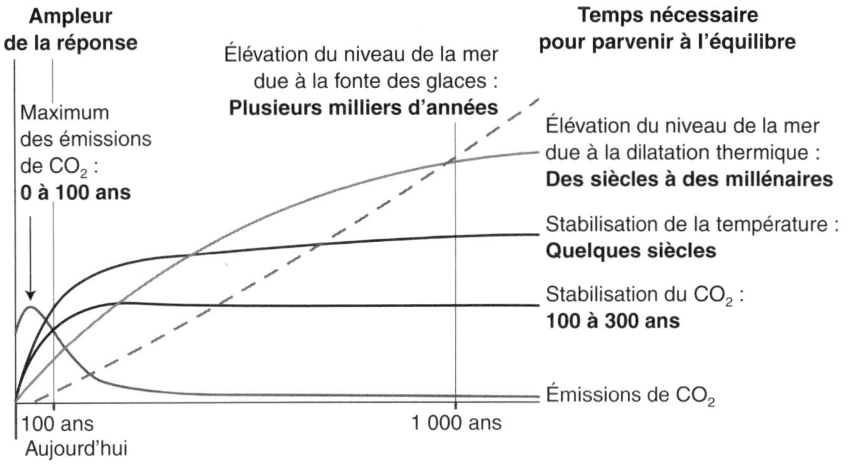

Schéma illustrant le fait que la température et le niveau de la mer continuent à augmenter une fois que les concentrations de gaz carbonique se sont stabilisées.
Source GIEC.

Plaçons-nous à un hypothétique moment dans le futur où les concentrations atmosphériques auront été stabilisées. La température moyenne de la planète continuera à augmenter car l'océan aura emmagasiné de la chaleur qu'il restituera, comme à son habitude, lentement. Pour le niveau de la mer, l'inertie est beaucoup plus grande car c'est l'océan dans son ensemble qui se dilate. Or il faut des années pour que le réchauffement de surface se communique aux couches les plus profondes de l'océan. Une fois les concentrations en gaz carbonique à l'équilibre, le niveau de la mer continuera à monter de façon quasiment linéaire pendant plusieurs siècles : s'il est monté de 50 cm à la fin du siècle, il passera à plus de 2 m au milieu du millénaire. S'y ajoute le risque non négligeable que la calotte du Groenland, située dans une région de haute latitude qui subit un réchauffement amplifié, ne commence à fondre et contribue de quelques mètres supplémentaires à l'élévation du niveau des mers. Il ne suffit donc pas de stabiliser l'effet de serre pour éviter ce qui, à terme, en constitue une des conséquences potentielles les plus préoccupantes. La seule façon d'éviter ce risque est que le niveau de stabilisation soit le plus bas possible... Suivant que la sensibilité du climat est plus ou moins élevée, les températures seraient comprises entre 1,5 et 3, 9 °C pour 450 ppm et entre 2 et 5 °C pour 550 ppm. Soyons optimistes, et espérons que le climat ne réagisse que modérément à l'augmentation de l'effet de serre. Dans ce cas le réchauffement moyen pourrait ne pas excéder 3 °C. Mais si nous allions vers 1 000 ppm, la température à l'équilibre serait comprise entre 3,5 et 8,7 °C. Avec, pour le coup, des conséquences dramatiques...

À quand la prochaine glaciation ?

Nous voici au milieu du millénaire, ou presque... Notre interglaciaire dure depuis près de 12 000 ans. Pour savoir quand cette période chaude se terminera, des astronomes, comme André Berger et Marie-France Loutre à Louvain La Neuve, ont déterminé quelle sera la position de la Terre sur son orbite dans les 100 000 prochaines années et le climat qui devrait en résulter. Nous sommes dans une configuration astronomique telle que l'insolation du mois de juin à 65°N, celle qui joue un rôle clé dans la théorie de Milankovitch, variera relativement peu au cours des 25 000 prochaines années. Nous avons donc probablement devant nous une période interglaciaire très longue, autour de 50 000 ans. Ce n'est que dans 100 000 ans qu'un maximum glaciaire serait atteint. Seule l'hypothèse peu plausible d'une faible concentration de gaz carbonique (220 ppm) pourrait accélérer l'entrée en glaciation. À l'inverse si les activités humaines entraînent la disparition du Groenland (d'après ces auteurs il suffirait que la concentration en gaz carbonique dépasse 750 ppm au cours des 200 prochaines années) on risque de rentrer dans un réchauffement irréversible, contre lequel même les dispositions astronomiques ne pourront rien.

Chapitre 12
Des surprises en attente

Les prévisions climatiques actuelles postulent toutes que les différents acteurs du climat varient progressivement. Elles dessinent, pour les décennies et les siècles à venir, un climat qui se réchauffe année après année, sans variation brusque. Or, au début des années 1990, une découverte majeure a secoué le monde de la paléoclimatologie. Il y a eu, dans le passé, des variations climatiques subites et fortes. Les prédictions climatiques du GIEC ne tiennent pas compte de ces sautes d'humeur. Pourtant, elles pourraient chambouler l'évolution régulière du climat telle qu'elle est actuellement simulée. D'autant que d'autres « surprises », liées cette fois au cycle du gaz carbonique ou du méthane, ne peuvent pas être exclues. Certes, la plupart de ces phénomènes, encore mal cernés, présentent peu de risques de survenir au cours des toutes prochaines décennies, ni même à plus long terme si le réchauffement global reste limité. Mais ce risque augmente avec un réchauffement important, qui se produira si l'objectif de stabilisation de l'effet de serre n'était pas atteint d'ici la fin du siècle… Une raison supplémentaire pour tenir nos engagements.

Le climat soupe au lait

Au début des années 1980, les données piégées dans les glaces de Dye 3 au Groenland suscitent l'étonnement. Le danois Willi Dansgaard et le suisse Hans Oeschger y décryptent une série de changements climatiques abrupts au cours de la dernière période glaciaire et de la déglaciation qui l'a suivie. Cette découverte, confortée par les résultats du forage de Camp Century réalisé dans les années 1960, fait grand bruit dans le monde des paléoclimatologues mais suscite relativement peu d'écho hors de cette communauté. Il faut dire que les glaciologues n'en font guère la publicité. Ils restent prudents : Camp Century et Dye 3 sont situés dans des régions où l'écoulement de la glace est plutôt compliqué. Les sursauts des températures pourraient n'être que le fruit d'erreurs d'interprétation liées à la complexité de l'écoulement.

Deux nouveaux forages réalisés au début des années 1990 au centre du Groenland, par des équipes européenne et américaine, remettent cependant l'hypothèse sur la table. On y retrouve des variations très rapides de la température. Or les nouveaux sites de forage, sont situés au sommet du Groenland où l'écoulement est a priori plus simple. Désormais, le doute n'est plus possible. Les changements climatiques rapides, que le paléocéanographe américain Wally Broecker a entretemps baptisés du nom de Dansgaard/Oeschger, ont bel et bien existé. Ils ont été au nombre de 24 lors de la dernière glaciation. Ces événements sont particulièrement spectaculaires au Groenland : des réchauffements de 10 à 15 °C susceptibles de se développer en quelques décennies, suivis d'un retour vers des conditions froides (d'abord lent puis relativement rapide). Rien à voir avec les variations auxquelles les spécialistes des climats du passé s'étaient habitués, puisque les transitions entre périodes glaciaires et interglaciaires s'effectuent plutôt sur une échelle de 10 000 ans. Ces événements semblent se succéder plus ou moins régulièrement. L'analyse de la composition chimique de la glace révèle qu'à l'occasion de ces sautes d'humeur, l'accumulation de neige et la circulation atmosphérique ont été modifiées. En outre, à chaque variation rapide est associé un pic de teneur en méthane qui indique que tout le cycle de ce composé a été perturbé. Cet indice laisse à penser que le bouleversement climatique a dû affecter les continents, puisque c'est là, dans les régions humides, que se situent les principaux foyers de production de ce gaz à effet de serre.

À la même époque, en 1988, l'océanographe allemand Hartmut Heinrich met en évidence les stigmates d'autres catastrophes dans des sédiments marins de l'Atlantique Nord déposés au cours du dernier âge glaciaire. Certaines couches sédimentaires isolées se révèlent pauvres en micro-organismes. Elles contiennent en revanche des cailloux, dont la taille dépasse de manière très inhabituelle le centimètre. Noyés dans ces couches de sédiments détritiques, quelques très rares fossiles témoins de la catastrophe indiquent que les eaux superficielles se sont alors refroidies de 2 à 6 °C. Ces événements de Heinrich se retrouvent pour la même période dans tout l'Atlantique Nord. Voilà leur histoire : les glaciers, quand ils avancent vers la mer sous l'effet de leur poids, râpent le sol rocheux. Ils détachent des cailloux grossiers, qui s'incrustent sous la langue de glace. Avec les années, cette langue atteint la mer, pour former une plateforme de glace qui flotte sur l'eau. Les événements de Heinrich témoigneraient d'une débâcle massive et soudaine de ces plateformes, qui auraient relâché une armada d'icebergs. La mer se refroidit au fur et à mesure que la glace fond. Les détritus rocheux, qui étaient restés fichés dans la glace, se déposent sur les fonds océaniques. L'analyse isotopique des rares foraminifères présents

Icebergs se détachant d'un glacier. Photographie Olivier Cattani.

au milieu des cailloux montre que la fonte des icebergs s'est en effet accompagnée d'un apport d'eau douce énorme. L'analyse minéralogique des cailloux indique qu'ils proviennent principalement de la calotte nord-américaine (la Laurentide) mais qu'une partie d'entre eux porte une signature européenne (les calottes d'Islande et de Fennoscandie).

Il apparaît assez rapidement que ces couches de Heinrich observées dans les sédiments de l'Atlantique Nord précèdent les plus importants des événements de Dansgaard/Oeschger détectés dans les glaces du Groenland. En fait chaque couche de Heinrich est suivie d'une série de 4 à 5 de ces événements, séparés d'environ 1 500 ans, mais dont l'amplitude diminue progressivement. L'ensemble de ces oscillations se termine par une nouvelle couche de Heinrich.

Les sursauts océaniques

Dès leur mise en évidence, ces changements rapides sont attribués à des modifications de la circulation océanique dans l'Atlantique Nord. Hans Oeschger émet l'hypothèse que cette circulation peut se stabiliser dans plusieurs configurations. Wally Broecker, de l'université Columbia à New York, propose différents types de circulation schématisés à l'échelle globale à travers le « Conveyor belt », le tapis roulant océanique. Actuellement, des courants de surface transportent de l'eau et des calories depuis l'équateur vers l'Atlantique Nord. Ces eaux se refroidissent en réchauffant le continent européen adjacent et deviennent suffisamment denses pour plonger et former des eaux profondes qui repartent ensuite vers le sud et irriguent les différents océans. En période glaciaire, les eaux équatoriales ne peuvent remonter suffisamment au nord pour acquérir une densité qui leur permette de plonger. On peut en fait distinguer trois modes de circulation : le mode « chaud » actuel caractérisé par la formation d'eaux profondes dans l'Atlantique Nord, le mode « glaciaire », dans lequel celles-ci se forment plus au sud et plongent moins profondément, et enfin un troisième mode où il n'y a pas du tout de formation d'eaux profondes. Un réchauffement rapide correspondrait à la mise en route d'une circulation en mode « chaud », le retour à des conditions glaciaires à son interruption progressive tandis que le troisième mode prévaudrait au moment où se forment les couches de Heinrich.

Les décharges massives d'icebergs interviennent lorsque les températures océaniques sont au plus froid. Leur fonte massive injecte de grandes quantités d'eau douce dans l'Atlantique Nord. La circulation globale de l'océan en est chamboulée et, quelques centaines d'années plus tard, passe en mode « chaud ». On s'attendrait intuitivement à l'effet inverse, puisque l'arrivée d'eau douce et légère a tendance à bloquer la plongée des eaux profondes. Pour expliquer ce phénomène, on avance qu'une fois les icebergs relâchés, les bords de la calotte s'éloignent des côtes et celle-ci n'apporte alors plus rien à l'océan. L'arrêt de l'apport d'eau douce pendant quelques centaines d'années remettrait en route la formation des eaux profondes... Admettons-le, cette explication est un peu tirée par les cheveux. Mais quoi qu'il en soit, la conclusion s'impose : les débâcles d'icebergs et les

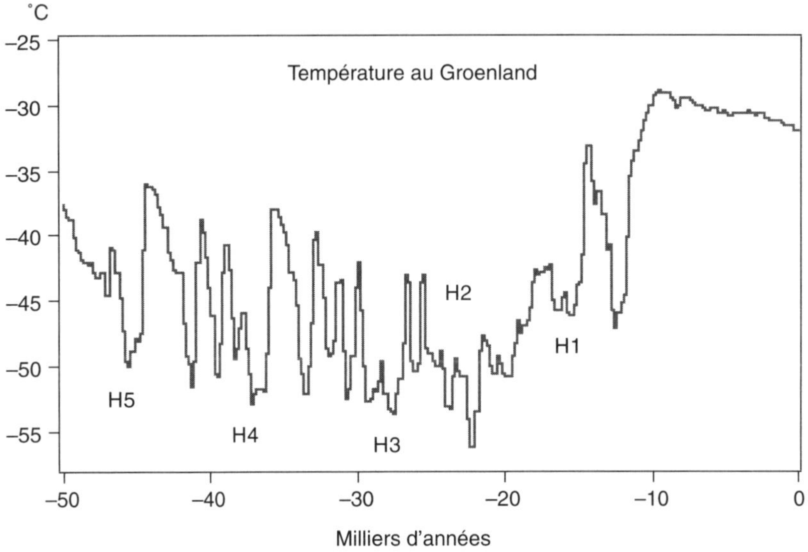

Illustration des variations rapides.

Variations rapides au centre du Groenland au cours des 50 000 dernières années (événements de Dansgaard/Oeschger). Les repères H1, H2, H3, H4 et H5 correspondent aux couches de Heinrich identifiées dans les sédiments marins de l'Atlantique Nord.

changements de circulation océanique dans l'Atlantique Nord sont intimement liés à des variations climatiques rapides au Groenland.

Dès lors, une question brûle les lèvres des chercheurs : des phénomènes similaires peuvent-ils affecter des périodes chaudes comme la nôtre ? Cela est arrivé au moins une fois. Il y a 8 200 ans, en plein interglaciaire, un brusque refroidissement a secoué l'Europe de l'Ouest. La région a perdu 2 à 5 °C en moins d'un siècle. Le mécanisme à l'œuvre est très proche de celui invoqué pour les événements de Dansgaard/Oeschger. À l'époque en effet, un barrage glaciaire (c'est-à-dire une barrière de glace retenant un lac) s'est rompu et a libéré une énorme quantité d'eau douce. La formation d'eaux profondes s'est arrêtée, provoquant le refroidissement enregistré. Deux cents ans plus tard, les conditions antérieures étaient rétablies. Sommes-nous à l'abri de tels sursauts climatiques ?

Et si la circulation thermohaline s'arrêtait ?

Le Gulf Stream est ce courant chaud qui amène sur l'Europe de l'Ouest de l'énergie thermique en provenance des zones équatoriales et tropicales. Il contribue à la douceur de notre climat, dont les Canadiens, eux, ne bénéficient pas alors qu'ils vivent sous des latitudes comparables. La rudesse de leur climat est également accentuée par la présence des Rocheuses, ces montagnes qui entravent la circulation atmosphérique et barrent la route à la douceur océanique. Il y a 8 200 ans donc, et plusieurs fois au cours de la dernière glaciation, le Gulf Stream s'est ralenti, a été déplacé, et a même disparu. Cette découverte a mis la puce à l'oreille des modélisateurs. Car les modèles actuels prédisent effectivement qu'avec le réchauffement, et l'accroissement de l'évaporation dans les régions tropicales, des précipitations supplémentaires devraient apporter de l'eau douce dans l'Atlantique Nord. Ce qui devrait ralentir le Gulf Stream, voire l'arrêter. Et contrairement aux précédents épisodes, les conditions climatiques générées par l'Homme pourraient interdire tout retour en arrière ! Nous rentrerions alors dans l'inconnu, dans une situation que nous ne pouvons ni vraiment prédire, ni a fortiori maîtriser. Il est extrêmement improbable que cet éventuel arrêt du Gulf stream puisse provoquer une glaciation comme l'idée en est assez souvent avancée. En fait, le climat moyen de la planète étant alors beaucoup plus chaud qu'aujourd'hui, c'est un moindre réchauffement plutôt qu'un refroidissement qui se dessine alors sur l'Europe de l'Ouest, le réchauffement global n'étant lui pas affecté... Quoi qu'il en soit, ce changement de régime serait associé à de nouvelles perturbations régionales qui n'augurent rien de bon. Un tel événement peut-il se produire dans un avenir proche ? En octobre 2003, le Pentagone (département américain de la défense) a publié un rapport intitulé « Imaginer l'impensable ». Son but avoué était de formuler le pire des scénarios climatiques possibles pour la sécurité américaine. Il envisage notamment que nous soyons déjà très près du seuil d'arrêt du Gulf Stream, qui surviendrait dans quelques années. Si tel était le cas, le climat de l'Amérique du Nord et de l'Europe de l'Ouest mettrait un bon siècle à se remettre des perturbations... Si une telle éventualité ne peut être exclue, elle est, aux yeux des scientifiques, très peu probable. Ceux-ci envisagent plutôt qu'un éventuel arrêt du Gulf stream se produise au siècle prochain, voire plus tard.

Du carbone sous la mer

Les modifications de la circulation océanique ne sont pas les seuls événements susceptibles de bouleverser très rapidement la donne climatique. Les océans recèlent un autre danger : du méthane pur, stocké à des centaines de mètres de profondeur. Le méthane est piégé là sous une forme d'hydrates, également appelés clathrates, qui ressemblent à de la glace dure et froide. On en trouve également dans presque tous les sols gelés de l'Arctique. Il participe au grand cycle du carbone. Les bactéries marines, le phytoplancton, absorbent du gaz carbonique au cours de la photosynthèse. Elles l'utilisent pour fabriquer leur propre matière organique. Lorsqu'elles meurent, et qu'elles se déposent au fond des océans, elles se décomposent. Sur terre, comme sous les mers, la décomposition libère du méthane. Sauf que les fortes pressions (plus de 200 bars) et les faibles températures (moins de 2 °C) qui règnent dans les profondeurs interdisent au gaz de s'échapper. Il se retrouve emprisonné dans des structures cristallines. Ces hydrates sont-ils stables ? Ne risquent-ils pas, avec le réchauffement climatique, de libérer dans l'atmosphère d'énormes quantités de méthane, un gaz à effet de serre dont chaque molécule possède un pouvoir de réchauffement beaucoup plus important que le gaz carbonique ?

Certains géologues pensent que de telles explosions de méthane ont pu, dans le passé, provoquer des extinctions massives. Il y a 250 millions d'années, à la fin du Permien, plus de 95 % des espèces marines ont disparu, tout comme 70 % des plantes et des animaux terrestres. La cause de cette phénoménale extinction, peut-être la plus importante de toutes, reste mystérieuse. Un des scénarios avancés évoque l'augmentation de la concentration des océans en méthane, sous l'effet soit de la décomposition d'une quantité importante de bactéries, soit du dégazage progressif des hydrates de carbone sous-marins. Les stocks de gaz, jusqu'ici immobilisés par la pression de l'eau, auraient été déstabilisés par une perturbation, comme la chute d'une météorite. L'eau sursaturée en gaz serait alors remontée tout près de la surface. La pression étant moins forte, des bulles de méthane auraient crevé la surface, l'océan se mettant à dégazer. Ce mouvement provoquant d'autres perturbations et d'autres remontées de gaz, le phénomène aurait pu s'auto-entretenir. Cette quantité de méthane libérée dans l'atmosphère pourrait expliquer que l'on observe, à cette période, beaucoup de carbone dans l'atmosphère. À vrai dire, ce scénario laisse de nombreux scientifiques sceptiques, et beaucoup d'autres causes peuvent expliquer l'extinction de la fin du Permien. Il n'empêche qu'il met le doigt sur une possible surprise environnementale : la libération des énormes stocks de méthane sous-marins. Que l'on se rassure, aucune trace d'un tel dégazage n'apparaît lorsque l'on observe les variations de méthane des 50 000 dernières années. Pour le GIEC, ce risque semble exceptionnellement faible.

L'essoufflement des puits de carbone

Ce qui apparaît, en revanche, de plus en plus net, c'est que les puits biosphérique et océanique souffriront du réchauffement. Plusieurs études, qui ont tenté d'estimer l'évolution des puits en fonction du changement climatique, le montrent. En utilisant le modèle couplé de l'Institut Pierre Simon Laplace, des chercheurs, dont Jean-Louis Dufresne et Pierre Friedlingstein, ont montré que le réchauffement risquait d'apporter deux types d'évolution, une bonne, et une mauvaise. Commençons par la bonne. Depuis le début de l'ère industrielle, on constate que les océans et la biosphère absorbent à eux deux près de la moitié du carbone émis par l'Homme. Car, jusqu'ici, les puits de carbone ont eu le bon goût de s'adapter au changement anthropique : lorsque la quantité de gaz carbonique de l'atmosphère augmente, la végétation croît plus vite, elle est fertilisée. La hausse de la concentration atmosphérique de gaz carbonique augmente, par ailleurs, la diffusion des gaz qui passent de l'air à la mer. Ces échanges conduisent l'océan à solubiliser plus de gaz carbonique. Les puits de carbone tant biosphérique qu'océanique ont ainsi tendance à croître avec l'augmentation de la concentration en gaz carbonique.

Passons maintenant à la mauvaise nouvelle : des études récentes ont montré que le changement climatique pourrait, s'il s'amplifie encore, réduire l'efficacité de ces puits de gaz carbonique. Dans les régions équatoriales et tropicales d'Afrique et d'Amérique, la végétation souffrira de la sécheresse, car les ressources hydriques diminueront. Moins de plantes, moins de puits de carbone. Seule la végétation des hautes latitudes profiterait du réchauffement, sans toutefois contrebalancer le mouvement général. Globalement, les puits biosphérique satureraient dans quelques décennies, ce qui accélérerait le réchauffement.

À l'horizon 2050, le puits océanique est quant à lui peu modifié. Certes, l'eau dissout d'autant moins de gaz carbonique qu'elle est chaude. Le réchauffement ralentit également la circulation océanique, et donc tout le processus de solubilisation. Mais dans le même temps, à cause de l'affaiblissement du puits biosphérique, l'atmosphère contient de plus en plus de gaz carbonique. Les flux de gaz de l'atmosphère vers l'océan augmentent, ce qui accroît le puits océanique. Vers 2050, lorsque la concentration atmosphérique de gaz carbonique aura à peu près doublé par rapport à l'ère pré-industrielle, les deux effets devraient se compenser. Au-delà, le premier effet domine et le puits océanique chute. Lorsque la concentration atteint 4 fois la valeur pré-industrielle, le changement climatique diminue le puits océanique de 35 % et le puits biosphérique de 55 %. L'étude de Dufresne et Friedlingstein néglige volontairement de nombreux phénomènes, dont la migration des espèces végétales. Quand on la prend en compte (ce qui a été fait par une équipe du centre Hadley de recherche météorologique, en Grande-Bretagne), le résultat est encore plus dramatique.

Mais il existe également un troisième stock de carbone, souvent ignoré et pourtant important. Il s'agit des sols qui stockent plus du double de la quantité de carbone présent dans l'atmosphère. Le carbone s'y trouve sous forme de racines, de bois, d'animaux souterrains comme les vers de terre, de micro-organismes, de champignons, d'humus. Qu'advient-il de ce puits avec le réchauffement ? Hélas, il diminue. Car la chaleur facilite la décomposition des matières organiques par les bactéries. Or cette décomposition dégage du méthane et du gaz carbonique. Le développement de l'agriculture, nécessaire pour nourrir une population croissante, n'arrangera pas les choses. Le labourage des terres met le carbone souterrain en contact avec l'oxygène. Il rejoint alors facilement le stock de carbone atmosphérique. On estime qu'un sol cultivé contient ainsi 5 à 10 fois moins de carbone qu'un sol de prairie ou de forêt. L'avenir de tous les puits de carbone s'annonce donc sombre. D'ici quelques années, l'océan, les sols, et les forêts pourraient bien jouer contre leur camp, et produire plus de carbone qu'ils n'en absorberont.

Spirale vicieuse

Il est étonnant de constater que la majorité des rétroactions, des effets secondaires, vont vers une amplification du réchauffement. Prenez les feux de forêt par exemple. Nul doute que le réchauffement en augmentera la fréquence. Il n'est qu'à voir le bilan des feux de forêts en France en 2003. Avec 63 000 ha brûlés, l'année a battu les records de surface ravagée depuis 30 ans; certes ces feux sont largement d'origine criminelle mais le temps chaud et sec les favorise. Par ailleurs, plusieurs études ont montré que la fréquence des feux de forêts augmentait, déjà, lors des périodes chaudes de l'ère Quaternaire, alors que les populations humaines étaient petites. Or ces feux injectent dans l'atmosphère des tonnes de carbone. Leur influence n'est pas anecdotique. Les feux de forêts en Indonésie, en 1997, auraient ainsi rejeté une quantité de carbone comprise entre 0,8 et 2,5 GtC. Une quantité comparable à celle émise par la combustion d'énergie fossile dans l'Union européenne, toujours en un an. Car les feux ne font pas que brûler le bois. Ils consument également la tourbe épaisse (parfois jusqu'à 20 m) qui recouvre le sol des forêts. La tourbe, composée de matière végétale conservée dans un milieu acide, s'avère très riche en carbone.

Au rayon des feux, il faut également mentionner un phénomène méconnu, et pourtant assez répandu. Dans certaines régions, des gisements de charbon peu profonds s'enflamment spontanément au contact de l'oxygène de l'air. En Chine, ce sont ainsi 100 à 200 millions de tonnes de charbon qui se consumeraient chaque année sous la terre. Selon EARS, une société de télédétection néerlandaise qui a évalué l'étendue des dégâts par satellite, les feux chinois représenteraient 2 à 3 % du gaz carbonique émis par les combustibles fossiles sur la planète. Personne ne sait éteindre ces feux souterrains. Tous les pays producteurs de charbon sont victimes de ce fléau : États-Unis, Inde, Afrique du Sud, Australie, Philippines, Indonésie.

La végétation, en cherchant à se protéger du réchauffement, pourrait elle aussi l'aggraver. Certaines études soulignent en effet que les modèles sous-estiment gravement la question des inondations. Pour ne pas étouffer sous l'effet de l'augmentation des gaz à effet de serre dans l'atmosphère, les plantes ont tendance à fermer leurs stomates. Ces organes, situés à la surface des feuilles, jouent le rôle de fenêtre d'aération. Ouverts, ils sont le lieu des échanges gazeux avec l'extérieur. Fermés, ils permettent à la plante de réduire sa perte en eau. Dans ce cas, l'eau qu'elle n'évacuera pas restera dans le sol. Or un sol gorgé d'eau représente une véritable calamité en cas de pluies importantes. Incapable d'absorber le surplus de précipitations, il favorise les inondations…

Les risques de surprise, de mauvaise surprise dans tous les cas que nous avons évoqués, sont donc d'origine très diverses. Pour la plupart, ils ont d'autant plus de risque de survenir que le climat se réchauffe de façon importante; la rapidité du réchauffement peut également exacerber ces risques dont les scientifiques ne prétendent pas d'ailleurs avoir fait le tour. Au-delà des conséquences du changement climatique que nous avons largement évoquées, inertie du système et surprises climatiques ajoutent donc à la nécessité de stabiliser l'effet de serre, rapidement, et à un niveau le plus bas possible. Mais sommes-nous réellement prêts à prendre ce chemin ?

Chapitre 13
Le temps d'agir

Une petite idée des efforts à fournir

Aujourd'hui, l'essentiel des émissions de gaz carbonique provient de l'utilisation des combustibles fossiles. Si l'on veut stabiliser sa concentration à 450 ppm (ce qui, en tenant compte des autres gaz à effet de serre serait alors équivalent à environ 500 ppm de gaz carbonique), il faut que les émissions annuelles redescendent à 2 ou 3 GtC d'ici la fin du siècle. Un effort considérable. Aujourd'hui, la production d'énergie repose à 40 % sur le pétrole, 20 % sur le gaz et 25 % sur le charbon. À quoi pourrait ressembler une répartition équitable de ces 2 à 3 milliards de tonnes ? Pour une population actuelle arrondie à 6 milliards d'habitants, cela fait 500 kg de carbone fossile par an, soit 10 % des émissions actuelles d'un Américain, 15 % de celles d'un Allemand, 25 % de celles d'un Français, 120 % de celles d'un Indien, 200 % de celles d'un habitant de certains pays d'Afrique subsaharienne. On peut aussi préciser que ce plafond est atteint par un seul aller-retour Paris-New York en avion ou avec l'utilisation de 2 tonnes de béton. L'effort est donc immense, et nécessite de changer radicalement notre vision du développement, fondée aujourd'hui sur l'idée simpliste que se développer, c'est consommer de plus en plus. Non seulement les pays occidentaux doivent trouver une autre voie de développement, un autre critère de réussite que celui de la consommation, mais ils doivent aussi donner les moyens aux pays émergents de se développer sans augmenter leurs émissions de gaz à effet de serre.

Les décisions politiques

Même si, en 1990, la responsabilité de Homme n'était pas encore établie, le réchauffement à venir était, lui, déjà annoncé dans le premier rapport du GIEC. Et sur ce point les arguments des scientifiques ne laissent guère de place au doute. L'assemblée générale des Nations Unies décide donc dès cette année-là de préparer la Convention sur le climat que nous avons déjà évoquée. Signée au sommet de Rio, elle a rappelons-le, pour but de veiller à maintenir la concentration des gaz à effet de serre dans l'atmosphère à un niveau tel qu'aucune modification « dangereuse » ne puisse apparaître, et de préserver le système climatique pour les générations futures. Plus de 180 pays ont aujourd'hui signé cette Convention. Par leur signature, ils se sont engagés à :

– faire l'inventaire de leurs émissions de gaz à effet de serre;

– élaborer des programmes nationaux pour stabiliser ou réduire ces émissions;

– faire en sorte que les émissions de 2000 ne dépassent pas celles de 1990;

– encourager les études scientifiques et techniques sur le réchauffement et les solutions à y apporter;

– sensibiliser leurs habitants;

– soutenir financièrement les pays en voie de développement pour qu'ils puissent répondre à leurs engagements et faire face aux conséquences du réchauffement.

La volonté est donc affichée. Mais elle ne suffit pas. Pour mettre ces bonnes résolutions en pratique, chaque gouvernement utilise les moyens qu'il veut. Il peut, par exemple, mettre en place des instruments de marché : taxer les émissions, taxer les produits comme les énergies, subventionner ou aider d'une manière ou d'une autre les entreprises et les particuliers qui investissent pour réduire leurs rejets de gaz à effet de serre. Il peut utiliser la législation : fixer des seuils d'émissions qu'il est interdit de franchir, promulguer des normes techniques, interdire certains produits, investir dans la recherche et le développement. Il peut, enfin, se reposer sur le volontariat : promouvoir l'initiative individuelle ou celle des entreprises attirées par la possibilité de gagner en image de marque. Les pays signataires de la Convention sur les gaz à effet de serre se réunissent chaque année depuis 1995 lors de la conférence des parties pour faire le bilan de leur action. La troisième de ces réunions a donné lieu à un acte particulièrement important : la signature du protocole de Kyoto.

Le protocole de Kyoto

Un protocole de réduction des émissions a été signé à Kyoto en 1997. Il formalise les objectifs chiffrés pour les pays signataires, avec un objectif moyen de réduction des émissions de – 5 % pour 2008-2012 par rapport au niveau atteint en 1990; l'an 2000 est alors trop proche pour que puisse être envisagé un retour aux émissions de 1990 à cet horizon comme le stipulait la Convention Climat... Nous sommes loin de la réduction nécessaire à l'horizon 2100 pour stabiliser les concentrations de gaz à effet de serre dans l'atmosphère, mais les premières mesures sont souvent les plus difficiles à prendre. Et il faut aussi se rendre compte que si les émissions continuaient à augmenter au rythme des années 1980, les émissions de 2010 seraient nettement supérieures à celles de 1990. C'est donc bien une véritable rupture qu'implique le protocole de Kyoto. Ses objectifs sont modulés suivant les différents pays. Les engagements de États-Unis sont ainsi de – 7 %, ceux du Japon de – 6 % et de l'Union Européenne de – 8 %, la Russie se contentant de maintenir ses émissions au même niveau. Dans la bulle européenne, l'objectif fixé à la France est de stabiliser ses émissions, celui de l'Allemagne est de – 21 %, celui du Royaume-Uni est de – 12,5 %, alors que le Portugal et la Grèce peuvent augmenter leurs émissions de 27 et 25 %, et l'Espagne de 15 %. Les pays en voie de développement et notamment la Chine et l'Inde ne sont pour l'instant pas concernés par ces réductions. Leur urgence à l'heure actuelle, on le comprend, est de se développer et de sortir de la misère la plus grande fraction possible de leur population.

La France occupe une position particulière dans ces négociations, puisque la majeure partie de l'énergie électrique qu'elle consomme n'utilise pas les combustibles fossiles. Il s'agit du nucléaire pour 78 %,

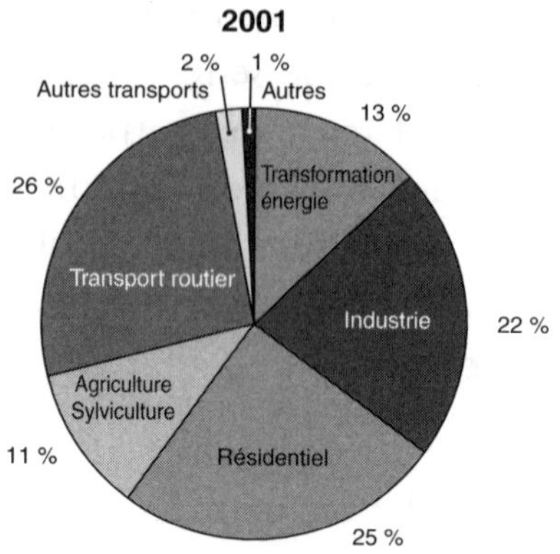

Émission de CO_2 dans l'air, en France, en 2001.
Source CITEPA.

de l'énergie hydroélectrique pour environ 15 %. Ceci explique que notre pays ait, au sein de la bulle européenne, un objectif affiché de stabilisation des émissions en 2008-2012 par rapport au niveau atteint en 1990. La France ne doit donc pas émettre plus de 144 millions de tonnes équivalent carbone par an entre 2008 et 2012.

Or, suivant la tendance actuelle des émissions, celles-ci devraient en être à 160 en 2010. L'objectif reste donc difficile à atteindre, d'autant que les marges de manœuvre sont réduites. Des efforts importants ont, en effet, déjà été réalisés dans le domaine des modes de production énergétique et de l'efficacité des processus industriels. Pour poursuivre dans la voie de la limitation des rejets industriels, le gouvernement français se repose sur le volontariat. C'est dans ce cadre que 21 géants de l'industrie française, qui représentent 19 % des émissions nationales se sont réunis au sein de l'Association des entreprises pour la réduction des gaz à effet de serre (AERES). Ils se sont tous fixé des objectifs ambitieux. Mais on ne peut s'empêcher de penser que des contraintes légales seraient sans doute plus efficaces.

Appliquer le protocole

L'accord de Kyoto affichait les volontés des pays signataires, mais ne faisait rien pour inciter les gouvernements à les respecter. Il ne précisait pas non plus comment les émissions devaient être calculées, ni si, par exemple, le fait de planter des forêts était comptabilisé dans la réduction des émissions. Tel quel, il n'avait aucune chance d'être appliqué. Toutes ces précisions ont été apportées au fur et à mesure des discussions qui se sont déroulées lors des conférences des parties suivantes. Des sanctions, toutes relatives, sont instaurées. Un pays qui ne respecte pas ses engagements se voit ainsi imposer un objectif supérieur en terme de réductions d'émissions et son droit de vendre des permis d'émissions est suspendu. Les conférences des parties ont permis également de préciser des « mécanismes de flexibilité ». Car la lutte contre le changement climatique exige des efforts intenses des signataires, et il doit exister des moyens pour s'y soustraire en partie, pour peu que l'on aide d'autres pays à atteindre leurs propres objectifs. Ainsi, un pays qui investirait à l'étranger pour limiter les émissions de gaz à effet de serre se verrait créditer d'une certaine quantité d'émission évitée. Le second principe a quant à lui conduit à la mise en place d'un système international d'échange de crédits d'émissions. Un pays qui aurait dépassé ses objectifs pourrait vendre des crédits d'émission à un autre, contraint de dépasser les siens. Enfin, un troisième dispositif visant à assouplir le protocole de Kyoto a été mis en place. Il concerne les fameux puits de carbone. Les forêts, lorsqu'elles sont en croissance, pompent en effet plus de gaz carbonique dans l'atmosphère qu'elles n'en rejettent. Les pays qui planteraient et géreraient des forêts pour en faire des puits pourraient faire intervenir cet effort dans leur objectif de réduction. La manière exacte dont cet effort sera pris en compte n'était cependant pas chiffrée, et donne lieu à des tractations difficiles.

Les multiples conférences des parties ont ainsi rendu le protocole applicable. Mais, alors que l'échéance de 2008 se rapproche, il n'est toujours pas appliqué.

Un protocole virtuel ?

Pour que le Protocole de Kyoto entre en vigueur, il est nécessaire que 55 pays au moins le ratifient, c'est-à-dire le traduisent dans leur législation, et que les émissions des pays signataires représentent plus de 55 % des émissions de gaz à effet de serre. Une centaine d'États ayant ratifié le texte, la première condition est donc remplie. Reste la seconde qui, elle, ne l'est toujours pas. En 2001, le président américain Georges Bush déclarait, en effet, que son pays ne ratifierait pas le protocole de Kyoto. Sa mise en œuvre pourrait néanmoins être effective si la Russie, également gros émetteur de gaz carbonique, figurait parmi les signataires. Elle n'en prend pas le chemin. Le réchauffement est plutôt bien vu dans ce pays froid riche en combustibles fossiles. Tout n'est pas perdu du côté de la Russie, et même s'il y a peu d'espoir que le gouvernement américain revienne sur sa décision, les choses bougent un peu de l'autre côté de l'Atlantique. La majorité des scientifiques du pays s'est en effet ralliée au consensus international. De plus en plus de voix, dans l'opinion comme dans le monde politique, prônent la ratification. Alors qu'en 1997, le protocole de Kyoto avait été refusé à l'unanimité, en novembre 2003 une loi, visant à obliger les usines à réduire leurs émissions de gaz à effet de serre, a été rejetée au Sénat par seulement 55 voix contre 43. Preuve que les opinions changent… Cette évolution est suivie avec la plus grande attention par les signataires actuels. Elle seule peut rendre le Protocole crédible et efficace. Avec leur signature, les États-Unis deviendraient, en effet, automatiquement un débouché essentiel pour les pays vendeurs de permis d'émissions.

En attendant, c'est sur l'Europe que repose la responsabilité d'assurer la pérennité de ce pivot essentiel de toute politique planétaire de l'environnement qu'est, malgré toutes ses faiblesses, le protocole de Kyoto. Elle doit l'assumer en affichant, par la fermeté de sa parole sur le sujet et son action diplomatique, sa conviction de l'importance de ce traité et de ce qu'il implique – un changement des politiques économiques dans un sens respectueux de l'environnement. Elle doit l'assumer surtout par ses actes, en ne relâchant pas l'effort pour maîtriser ses émissions de gaz à effet de serre et pour élaborer une nouvelle politique énergétique, axée sur la sobriété et les énergies renouvelables. Pour l'essentiel, l'Union Européenne reste sur ce chemin.

Bien qu'elle doive assumer un élargissement difficile, l'Europe considère les questions environnementales comme un ferment de sa politique commune, tant en interne que face au monde.

Cependant, il est plus que probable que les objectifs, même modestes, fixés par le Protocole de Kyoto pour la période de référence 2008-2012 ne seront pas atteints. Aujourd'hui, l'Union Européenne n'a réduit ses émissions que de 1 %. Quant aux États-Unis, dont l'objectif de réduction est de 7 %, ils en sont à + 20 % par rapport à l'année de référence 1990. On n'attendait il est vrai rien de mieux d'un pays qui n'a pas ratifié le protocole. Seuls les pays de l'Est et la Russie ont d'ores et déjà réussi à remplir leurs objectifs largement du fait du ralentissement majeur de leur économie au cours des années 1990, se traduisant par une baisse des émissions de 38 %. Ce qui dans le cadre de la mise en œuvre d'un marché mondial de permis d'émission excite bien des convoitises.

– 75 % en France d'ici 2050

Au mois de février 2003, le premier ministre français a lancé un défi : diminuer de 75 % les émissions françaises de gaz à effet de serre d'ici 2050. Pour atteindre cet objectif plus qu'ambitieux, le gouvernement a concocté un « plan climat » qui fait de la lutte contre le changement climatique une « grande cause nationale » pour 2004. Au printemps 2004, ce plan, qui fait la part belle à la bonne volonté des entreprises et des particuliers, n'a toujours pas été annoncé.

Peut-on réellement lutter contre l'effet de serre ?

Selon certains, tels l'économiste danois Bjorn Lomborg, l'effort à fournir pour diminuer les rejets de manière à stabiliser la concentration des gaz à effet de serre dans l'atmosphère est bien supérieur à celui nécessité par une simple adaptation aux effets du réchauffement. Revenir aux niveaux des rejets des années 1990, ce qui constitue l'objectif de Kyoto, coûterait à la louche 5 000 milliards de dollars. Cet argent ne serait-il pas mieux utilisé à aider les principales victimes du réchauffement, les pays en voie de développement ? Nous laisserons aux économistes le soin de commenter ces chiffres. Mais il est un autre argument employé par Bjorn Lomborg, et repris malheureusement par de nombreux médias nationaux, que nous aimerions commenter. Il affirme tout simplement que les efforts exigés par le Protocole ne serviraient tout bonnement à rien. Selon lui, ils ne diminueraient le réchauffement que de moins de 0,2 °C. Le chiffre fait souvent mouche, il mérite cependant d'être éclairci. Il provient d'une simulation dans laquelle deux scénarios d'émissions de gaz carbonique sont utilisés. Dans le scénario de référence dit « Business as Usual », l'utilisation annuelle de carbone passe de sa valeur actuelle proche de 7 GtC (milliards de tonnes) à 20,6 GtC à la fin du siècle. Dans le second scénario choisi, les accords de Kyoto sont respectés entre 2008 et 2012 puis les émissions repartent de plus belle ! Autrement dit, il postule qu'après avoir limité leurs émissions pendant 10 ans, les États lâchent subitement la bride. À la suite d'un comportement aussi fantaisiste, les émissions atteindraient 19,5 GtC par an en 2100. Effectivement, si c'est le scénario adopté, les sceptiques ont raison… Mais ce n'est pas du tout cela qui est préconisé par la communauté scientifique pour qui le Protocole n'est qu'un premier pas vers une stabilisation de l'effet de serre.

L'économiste argumente alors que d'ici la fin du siècle, les sociétés se seront adaptées d'elles-mêmes, et en douceur. Les ressources fossiles ne sont pas illimitées et il est certain qu'avec la difficulté d'extraction, leur prix de revient augmentera, ce qui rendra les énergies propres plus compétitives. Bref, nul besoin de traités et de lois coercitives, nous nous dirigerions tout droit vers une société propre. Sans compter que, parallèlement, notre efficacité énergétique ne fait qu'augmenter. Les voitures américaines d'aujourd'hui font 60 % de kilomètres de plus qu'en 1973 avec le même litre d'essence. Lave-linge et lave-vaisselle utilisent deux fois moins d'énergie qu'à leurs débuts. Globalement, on produisait en 1992, avec la même quantité d'énergie, deux fois plus de richesses qu'en 1971. La miniaturisation, et bientôt les nanotechnologies, devraient permettre de diminuer de la même manière les quantités de matériaux utilisés, et donc l'énergie pour les fabriquer et les faire fonctionner. Le discours peut convaincre, il comporte cependant un biais énorme. Car si la consommation de chaque appareil ou véhicule pris individuellement a effectivement diminué, leur utilisation connaît une hausse vertigineuse, et ils sont de plus en plus nombreux ! C'est globalement qu'il faut estimer la consommation énergétique. Et là, les chiffres sont formels.

Malgré la rationalisation des dépenses énergétiques, la consommation d'énergie ne fait que croître. Les Européens et les Nord-Américains consomment de plus en plus de gaz naturel depuis 20 ans. Le développement du gaz et du nucléaire (notamment en France) a permis de maintenir le taux de combustion de charbon et de pétrole à un niveau à peu près identique. Si la consommation de charbon a baissé de 20 % en Europe de l'Ouest, elle devrait, en revanche, augmenter dans les pays d'Asie en développement. Cette stagnation globale ne vaut pas pour l'énergie électrique, qui compose la plus grosse partie de l'augmentation d'énergie actuelle. Or ce mouvement s'accélérera avec le réchauffement. Les nouvelles maisons, dans le monde entier, sont de plus en plus gourmandes en électricité. Entre 1995 et 2020, la consommation mondiale d'électricité devrait passer de 12 000 milliards à 23 000 milliards de kwh. La palme de la hausse devrait être obtenue par l'Asie, l'Amérique du Sud et l'Amérique Centrale. Dans ces régions qui connaissent une électrification galopante, le réchauffement se fera cruellement sentir. Et la population devrait se ruer vers la climatisation électrique.

Les transports et l'énergie associée augmentent un peu partout. Dans tous les pays de l'OCDE, le nombre de voitures individuelles augmente en continu, mais la hausse devrait être nettement plus forte dans les économies en transition, notamment en Asie du Sud-Est et dans le Pacifique. Tout cela participera à une pollution de l'air et à l'émission de gaz à effet de serre.

Une croissance infinie dans un monde fini ?

L'ère industrielle a été dominée par l'idée de croissance. Mais la croissance économique est-elle forcément synonyme de bien-être accru ? Pas si sûr. En 1960, les Français consommaient trois fois moins qu'aujourd'hui. De nos jours, les Américains consomment quatre fois plus d'énergie que les Français. Dans ces deux cas, le bien-être des plus grands consommateurs ne semble pas supérieur. La vision strictement financière du développement n'est sans doute pas plus pertinente pour les pays développés. C'est d'ailleurs pour cela que Sen Amartya, prix Nobel d'économie 1998, prône l'utilisation d'un indice de développement humain (IDH) plutôt que celle du PNB (Produit National Brut) pour mesurer la pauvreté. Cela vaut aussi pour la richesse. Et, dans un monde limité, il est grand temps de se rendre compte que la croissance illimitée, avec ses corollaires (utilisation croissante d'énergie), non seulement n'est pas tenable, et risque de conduire à la mort de la planète, mais n'est même pas souhaitable dans les pays développés, puisqu'elle ne semble pas leur apporter plus de bien-être.

D'autant que si l'on suit les experts du GIEC, les stocks d'énergie fossile ne sont pas si mal en point que cela. Certes, les réserves de pétrole et de gaz naturel facilement exploitables ne devraient pas permettre de satisfaire les besoins d'ici la fin du siècle, mais il n'en est pas de même lorsque l'on considère l'ensemble des réserves de ces combustibles et celles, très importantes de charbon.

L'ensemble de ces réserves, tous combustibles confondus, serait de 5 000 GtC. Un stock gigantesque que les progrès des techniques d'extraction devraient rendre disponible dans les décennies à venir. Les scénarios des économistes prévoient en effet que la somme des rejets du siècle actuel serait comprise entre 1 000 et 2 100 GtC d'ici 2100 (à titre indicatif, un scénario de stabilisation à 450 ppm requiert que ces émissions soient limitées à 630 GtC). D'où la conclusion du GIEC : la rareté des combustibles fossiles ne sera pas un facteur significatif dans la lutte contre le changement climatique. Le message est clair. Sans mesures de limitation, les chances d'éviter un bouleversement climatique majeur sont très minimes sinon nulles.

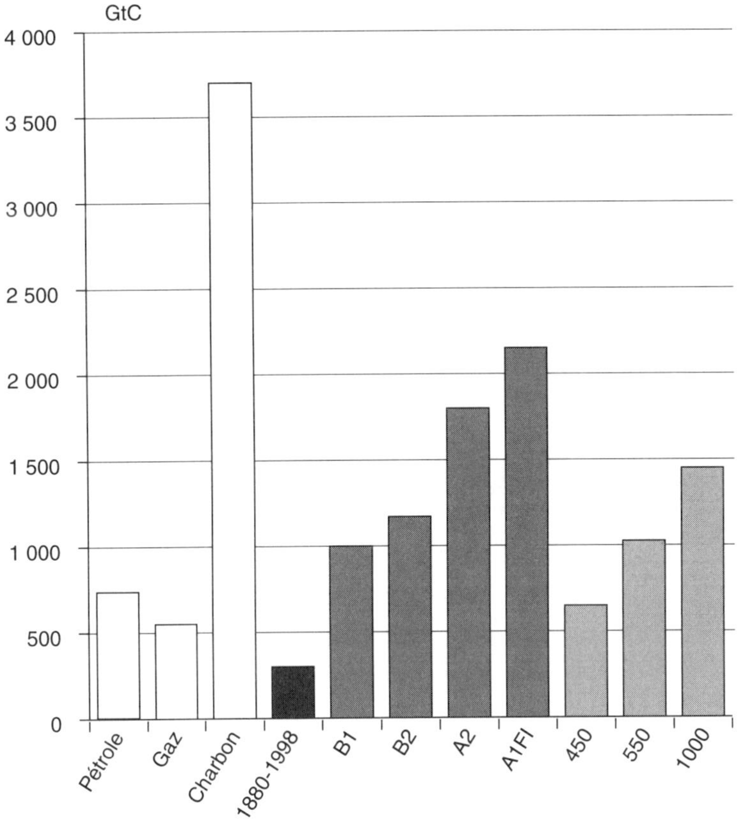

Comparaison des quantités de carbone présentes dans les réserves et les ressources de pétrole, de gaz et de charbon et des quantités qui devraient être utilisées d'ici 2100 pour différents scénarios.
Les valeurs indiquées pour chaque combustible incluent l'ensemble des ressources et des réserves classiques et non classiques, les quantités déjà utilisées (1880-1998) étant également reportées. Les scénarios correspondent à ceux décrits page 123, (B1, B2, A2 et A1F1) et à trois scénarios de stabilisation (450, 550 et 1 000 ppm).
Source GIEC.

Chapitre 14
Les moyens de l'action

Le danger est grand, mais l'effort à fournir pour diminuer les émissions globales puis parvenir à stabiliser l'effet de serre dans l'atmosphère l'est encore plus. Tel est le diagnostic de nombreux rapports produits par diverses agences, nationales et internationales, impliquées dans les problèmes liés à l'énergie. L'ampleur du problème apparaît évidente lorsque l'on se souvient que pour stabiliser l'effet de serre à un niveau raisonnable d'ici la fin du siècle, il faudrait que nos émissions passent sous la barre des 2 à 3 GtC. Avec dix milliards d'habitants le calcul est simple : en moyenne chacun aura « droit » à 200, au maximum 300 kg de carbone par an, soit à peu près ce qu'émet actuellement un habitant du Vietnam. L'effort à entreprendre, qui devra porter non seulement sur le gaz carbonique mais sur l'ensemble des gaz à effet de serre produits par les activités humaines, est effectivement gigantesque… Et c'est une absolue nécessité pour limiter le réchauffement à une valeur raisonnable, ni trop rapide, ni trop important et auquel les habitants de la Planète pourraient s'adapter progressivement.

Comment fournir une quantité suffisante d'énergie à une dizaine de milliards de personnes en limitant les émissions de carbone à 200 à 300 kg par an pour chacune d'elles ? La meilleure solution consiste sans doute à attaquer le problème par tous les fronts possibles : maîtriser notre consommation d'énergie, en améliorant les rendements et en utilisant l'énergie de manière plus rationnelle; produire en priorité notre énergie à partir de sources moins ou non émettrices de gaz à effet de serre; piéger le gaz carbonique à la sortie des centrales et le stocker dans des réservoirs appropriés. Voici donc quelques-uns des moyens dont nous disposons pour agir. Mais il ne faut pas tourner autour du pot : s'il est possible que cette panoplie de mesures soit suffisante, l'hypothèse qu'il faille, en outre, limiter notre consommation d'énergie, qu'il faille en quelque sorte « changer de vie », est loin d'être exclue. Enfin, redisons-le clairement, nous aurons, en tout état de cause, à nous adapter à un changement climatique, qu'il faut tout faire pour limiter…

Lorsque l'on évoque ces restrictions peu alléchantes, la question vient inévitablement sur la table : le progrès technologique ne pourrait-il pas, lui, nous éviter de nous serrer la ceinture ? Au rayon « ingénierie climatique », les idées farfelues ne manquent pas. Jugez-en plutôt par la liste des thèmes abordés lors d'une conférence qui s'est tenue en Angleterre en janvier 2004. Des intervenants envisageaient de « contrôler » la quantité d'énergie que nous envoie le Soleil à l'aide de miroirs, de ballons, d'aérosols envoyés à cet effet dans l'atmosphère, ou à travers une modification des propriétés des nuages ou du pouvoir réfléchissant de la surface de la planète. D'autres imaginaient que l'on pouvait faire diverger des cours d'eau pour stabiliser la circulation océanique. Toucher à des paramètres que nous ne maîtrisons pas, et ceci pour un coût faramineux, revient à jouer à l'apprenti sorcier. Restons en donc à des solutions plus sages…

Des technologies plus efficaces

La lutte contre l'effet de serre ne peut aujourd'hui se passer d'une réduction des émissions à chaque fois que cela est possible. Preuve que la démarche est efficace, la croissance annuelle de la consommation globale d'énergie primaire, et les émissions de gaz carbonique qui en résultent, marquent le pas depuis quelques années. Elles ont augmenté respectivement de 1,3 % et 1,4 % entre 1990 et 1998, alors qu'elles affichaient plutôt 2,4 % et 2,1 % entre 1971 et 1990. Ce ralentissement témoigne à la fois de l'augmentation de l'efficacité énergétique des technologies et du changement de source d'énergie (pour une même quantité d'énergie produite le gaz naturel émet près de 40 % de moins de carbone que ne le fait le charbon), mais aussi de la forte diminution des émissions dans les économies en transition touchées par la crise. Heureusement, l'amélioration technique permet d'augmenter l'efficacité énergétique des procédés dans tous les secteurs. Il y a de la marge du côté d'une utilisation rationnelle et économique de l'énergie. Pour l'heure, tous les secteurs continuent, malgré les progrès, à augmenter leurs émissions.

La construction arrive en tête des émissions de gaz carbonique dans le monde, puisqu'elle compte pour 31 % dans le total émis. Parmi les coupables, le ciment et le béton, comptent pour environ 5 %. Ces matériaux de construction sont les plus utilisés au monde. Solides, faciles à utiliser, maniables, résistants, durables, ils ne sont pas près d'être remplacés. Or le ciment est fabriqué à partir de calcaire, qui est transformé en chaux au cours d'une réaction chimique qui dégage beaucoup de gaz carbonique. Pour couronner le tout, cette réaction chimique ne se produit qu'à haute température. Il faut donc chauffer, c'est-à-dire brûler des combustibles et dégager encore plus de gaz carbonique. Lorsque l'on comptabilise le gaz carbonique issu du calcaire et celui lié à l'énergie nécessaire à sa fabrication, l'utilisation d'une tonne de ciment portland, un constituant essentiel du béton, conduit à l'émission de plus de 200 kg de carbone (cela dépend évidemment de la source d'énergie). La consommation de cet ingrédient devrait passer de 1,4 milliard de tonnes en 1995 à 2 milliards de tonnes en 2010. Croissance démographique oblige, les habitations et les locaux se multiplieront. Or ces constructions deviennent elles-mêmes gourmandes en énergie. Elles se doivent en effet d'être de plus en plus fonctionnelles et intelligentes. Les stores sont électriques, l'air conditionné, la lumière omniprésente. Et même si les techniques gagnent en efficacité, si les systèmes de climatisation et l'isolation sont plus efficaces, le gain n'est pas suffisant.

Le transport contribue aux émissions de gaz carbonique à hauteur de 22 %. L'amélioration des technologies devrait diminuer leur prix d'achat et stimuler l'utilisation de transports individuels. À moins que les comportements ne changent du tout au tout. Les véhicules hybrides, qui sont aujourd'hui commercialisés, permettent des économies d'essence évaluées entre 50 et 100 % de l'essence utilisée dans un véhicule standard. Parallèlement, les véhicules standards polluent moins, et sont plus légers. L'amélioration de l'efficacité énergétique des avions semble quant à elle plus difficile. Dans l'ensemble, le rail et les transports en commun ne voient pas leur utilisation augmenter de manière significative.

On remarque des tendances similaires dans l'industrie, dont les émissions représentent 40 % des émissions de gaz carbonique. Le taux de croissance des rejets des années 1970 à 1995, autour de 1,5 % par an, est passé à 0,4 %. Ce secteur, et c'est bien le seul, a même connu une diminution des émissions de carbone dans les pays industriels (de 60,8 % entre 1990 et 1995) et dans les économies en transition. Dans l'ensemble, elles continuent cependant d'augmenter. Mais il existe de fortes disparités entre pays dans l'efficacité des processus industriels. L'amélioration des procédés, des matériaux, du recyclage, pourrait permettre de réduire nettement les émissions de ce secteur. Le conditionnel est toujours de mise…

Enfin, l'agriculture est le secteur le moins contributeur, avec seulement 4 %, si on se limite aux seules émissions de gaz carbonique. Mais cette contribution monte à plus de 20 % en terme d'équivalent carbone et donc d'effet de serre additionnel, à cause des émissions de méthane et d'oxyde nitreux, et aussi du carbone résultant du défrichage. Des améliorations dans l'utilisation d'engrais, dans le traitement des déchets, dans l'élevage d'espèces animales qui émettraient moins de méthane, sont attendues. Les manipulations génétiques pourraient donner le jour à des espèces végétales et animales moins polluantes… Mais ces perspectives restent floues.

Si l'amélioration des technologies ralentit l'augmentation des émissions de carbone dans l'atmosphère, elle n'est guère suffisante pour les stabiliser. Certes, chaque technologie prise individuellement gagne en efficacité, mais le nombre d'utilisateurs augmente. Des solutions plus draconiennes doivent être adoptées.

De l'énergie sans effet de serre

Les sources d'énergie sans effet de serre ne sont pas légion. On connaît l'énergie éolienne (le vent), l'énergie solaire, l'énergie hydroélectrique, la marée, la géothermie et l'énergie nucléaire. Peut-être trouverez-vous que cette liste oublie d'autres énergies, parfois présentées comme « propres ». Cela ne signifie pas qu'elles ne rejettent pas de gaz carbonique dans l'atmosphère. L'utilisation de la biomasse, par exemple, consiste à brûler de la matière végétale. Elle conduit à des rejets de carbone dans l'atmosphère. Si les espaces défrichés sont replantés, ce qui n'est pas toujours le cas, ils stockent du carbone de manière provisoire. L'opération permet de gagner un temps très précieux dans la course contre l'augmentation de l'effet de serre, mais elle n'est pas totalement satisfaisante. Quant à l'hydrogène, avec lequel l'industrie automobile compte faire des moteurs propres, il n'est qu'un moyen de transporter et de stocker de l'énergie. Pour fabriquer l'hydrogène des moteurs du XXIe siècle, il faudra consommer beaucoup d'énergie. Pour que les piles à hydrogène soient propres au sens de l'effet de serre, il faudra que ce combustible soit fabriqué à partir de sources non émettrices.

Or celles-ci ne sont pas nombreuses, elles restent chères, et peu maniables. L'énergie solaire et éolienne ne comptent, pour l'instant, que pour 2 % dans le total de la fourniture mondiale d'électricité. Car, en dehors de leur coût, elles présentent un gros inconvénient : elles produisent de l'énergie « quand elles le peuvent » et non pas « quand on en a besoin ». Or pour maintenir une fréquence stable sur un réseau électrique national, il faut pouvoir non seulement produire de l'énergie en continu, mais pouvoir également ajuster la production pour suivre les fluctuations de la demande tout au long d'une journée, et d'un jour à l'autre suivant la température et le temps qu'il fait. En France, la production de base est ainsi assurée par le nucléaire, et les ajustements supplémentaires par l'hydroélectrique (les barrages permettent, en effet, de stocker de l'énergie de manière simple et propre). Sans possibilité de stockage efficace, l'éolien restera cantonné à une utilisation d'appoint. Le solaire est, lui, nettement plus prometteur puisque de nombreuses régions sont ensoleillées de manière continue. Mais on attend encore des progrès dans le stockage et la distribution de l'énergie solaire, ainsi que dans la fabrication des cellules photoélectriques qui reste coûteuse et polluante. Quant à l'hydroélectricité, la plupart des sites exploitables ont été équipés, en France comme ailleurs.

La géothermie connaît quant à elle un regain d'intérêt. On utilisait depuis le début du XXe siècle la géothermie à haute température. Il s'agit de récupérer, par forage, de l'eau chauffée à plus de 100 °C par la proximité avec une anomalie des sols (pour faire simple, une zone volcanique). Si elle est effectivement très chaude (150 à 300 °C), elle peut alimenter en vapeur une centrale électrique. En 2000, la géothermie a représenté 0,4 % de la production mondiale d'électricité. Si l'eau pompée est moins chaude, elle peut servir pour le chauffage des maisons. Les habitations de Reykjavik, la capitale islandaise, sont aujourd'hui quasiment toutes chauffées par ce moyen. La faiblesse de l'exploitation de cette énergie est notamment due au faible nombre de sites exploitables facilement. Certains pays, bien dotés, en profitent cependant. Les Philippines produisent ainsi 21,5 % de leur électricité. Le Kenya prévoit que la géothermie couvrira 25 % de ses besoins dans une quinzaine d'années. À Soutz-sous-forêt, dans le Bas-Rhin, un projet industriel teste une solution qui pourrait se généraliser. Il s'agit d'injecter de l'eau qui, après son passage à plusieurs milliers de mètres sous terre, atteindra plus de 200 °C. Plus besoin ici d'aquifère chaud, mais d'une zone de roches chaudes fracturées. Depuis quelques années, c'est un troisième type de géothermie qui fait des adeptes chez les particuliers. Il s'agit toujours de récupérer la chaleur du sol. Mais celle-ci ne provient plus du cœur de la planète, mais du chauffage du sol par les rayons solaires. L'appareil est donc enterré très près de la surface, et un système de pompe à chaleur permet d'amplifier et de récupérer la chaleur du sol. Cette énergie, peu coûteuse, est produite en continu toute l'année. En Suède, 95 % des nouvelles constructions adoptent ce type de chauffage. La technologie émerge à peine en France, et il est encore tôt pour estimer son potentiel.

La nouveauté est venue récemment du côté des marées, puisque la première centrale énergétique à utiliser les courants de la marée en pleine mer a ouvert en septembre 2003. Le premier générateur installé fonctionne comme une éolienne dont les pales sous-marines de 10 m de long sont forcées par les courants marins. Le système est ancré dans le sol sous-marin par une colonne d'acier de 20 m. Pour l'instant, un seul générateur ne fournit que 300 kwatts, soit de quoi apporter de l'énergie à une trentaine de foyers norvégiens. La compagnie envisage d'en installer une vingtaine, pour une production de masse. Mais si la technique présente le gros avantage de fournir de l'énergie en continu (le flux de la marée passe pendant 12 h dans la même direction avant de s'inverser), nul ne sait encore si le potentiel énorme vanté par ses installateurs se matérialisera un jour.

Et le nucléaire dans tout cela ? Les centrales ont augmenté leur capacité, mais le secteur ne se développe pas, largement à cause de l'opinion qui s'inquiète de la sûreté des centrales, du stockage des déchets, et de la prolifération des techniques nucléaires. Dans ce contexte, chercheurs et ingénieurs impliqués dans le nucléaire s'attachent au développement de réacteurs intrinsèquement sûrs et de techniques de stockage des déchets dont la fiabilité puisse convaincre le citoyen. Car l'adhésion de l'opinion sera de toute manière incontournable. Certes, le nucléaire n'est pas la source d'énergie idéale tant que la question des déchets n'est pas résolue, et les risques de prolifération pèsent, pour des raisons politiques évidentes, sur le développement du nucléaire civil. En outre, les réserves d'uranium 235 fissile, utilisé dans les centrales actuelles sont limitées (avec le parc actuel qui assure 5 % de l'approvisionnement d'énergie sur le plan mondial, elles ne couvriraient que quelques siècles de consommation, beaucoup moins en cas de développement). La surgénérénation, qui consiste à produire par fission nucléaire des atomes radioactifs que l'on peut réutiliser pour produire de l'énergie, pourrait faire sauter ce verrou mais son développement s'est heurté, en France, à une forte hostilité. L'espoir pourrait naître des techniques de fusion nucléaire. Il s'agit de chauffer et comprimer suffisamment des atomes légers pour qu'ils fusionnent. C'est cette énergie qui est à l'œuvre au cœur du Soleil. Les avantages : le combustible est disponible en quantité illimitée et surtout les déchets à vie longue quasi-inexistants. Mais dans le meilleur des cas la fusion ne rentrera en jeu que vers la fin du siècle.

Dans l'état actuel de nos connaissances, solaire et nucléaire apparaissent, techniquement, les sources les mieux à même de satisfaire, dans le long terme, une part importante des besoins d'énergie grandissants de l'humanité. Mais au-delà des seuls aspects techniques, l'adhésion du citoyen sera déterminante dans le développement du nucléaire.

La France à la traîne

En France, les énergies éolienne, solaire et issue de la biomasse ne contribuent qu'à 1 % de la production d'électricité. Bien que le pays possède de nombreux sites propices, il est une des plus mauvais élèves de l'Europe en la matière. L'énergie éolienne y produit, par exemple, 220 mégawatts quand l'Allemagne en produit plus de 13 000 et l'Espagne plus de 5 000. L'hydroélectricité, essentiellement les grands barrages, compte pour 14 % de la production mais les sites sont saturés. Pourtant, une directive européenne impose à la France de parvenir à 21 % d'énergies renouvelables en 2010.

Piéger le gaz carbonique ?

Même si, d'une certaine façon, elle relève de l'ingénierie climatique, l'idée de piéger du gaz carbonique mérite d'être examinée, tout comme d'autres méthodes visant à améliorer la gestion des stocks naturels de carbone, reforestation, pratiques agricoles appropriées, etc.

Une des idées avancées pour pomper le gaz carbonique de l'atmosphère consiste à séquestrer ce gaz dans l'océan profond. Ce stockage est naturellement initié par le phytoplancton, qui transforme le gaz carbonique en matière organique. Une partie de cette matière carbonée est ingérée par le zooplancton, et retourne à l'atmosphère sous forme de gaz carbonique. Une autre partie finit par tomber au fond des océans à la mort de l'organisme. Pour rendre ce processus plus efficace, l'idée consiste à utiliser du fer, dont le phytoplancton est friand. Le fer est, en effet, dans de nombreuses régions le facteur de croissance limitant de ces algues. Plusieurs sociétés privées se sont dès lors montées avec l'espoir d'être les premières à profiter du marché ouvert par le protocole de Kyoto. Leur idée était de vendre aux États un service leur permettant de gagner des crédits de carbone sur un futur marché international du carbone.

Hélas, la solution n'est pas aussi miraculeuse qu'on veut bien le dire parfois. Pour avoir un effet réel sur l'effet de serre, il faudrait utiliser une quantité de fer gigantesque. Or l'opération n'est pas sans effets secondaires. Ces algues phytoplanctoniques injectent par exemple de nombreux gaz dans l'atmosphère, et notamment du sulfite de diméthyl. Celui-ci conduit à la formation de particules qui servent de noyaux de condensation autour desquels la vapeur d'eau forme des gouttelettes ou des cristaux de glace. Il favorise donc la naissance des nuages, et pourrait renforcer l'effet de serre. D'autres gaz, les organohalogènes, grignotent la couche d'ozone quand ils atteignent la stratosphère. Globalement, la fertilisation à grande échelle du phytoplancton risque, en bouleversant la chimie de l'atmosphère, de faire plus de mal que de bien. Ni l'efficacité ni l'innocuité de ce procédé n'ayant été démontrées, plusieurs chercheurs militent pour que cette solution ne soit pas autorisée.

Si on ne peut jouer sans danger avec les capacités de stockage du carbone dans l'océan, ne pourrait-on pas le capturer à la sortie des grandes installations puis le stocker en sous-sol ? La technique est déjà utilisée ponctuellement. Même si elle ne permettra pas à elle seule d'éviter le réchauffement, son potentiel est sérieusement exploré. Elle pourrait être appliquée à l'ensemble des sources ponctuelles de gaz à effet de serre : cimenteries, hauts fourneaux, centrales électriques au charbon, fioul et gaz. Le potentiel est énorme puisque les centrales utilisant des combustibles fossiles représentent déjà un tiers des émissions de gaz carbonique. Le principe de ce stockage est le suivant : le gaz carbonique est capturé dès son point d'émission puis comprimé sous forme liquide. Il est ainsi transporté dans des gazoducs, pour être injecté dans des formations géologiques profondes. Ces lieux de stockage pourraient être des réservoirs d'hydrocarbures, des réservoirs miniers, ou bien des aquifères salins. Ces derniers représentent un potentiel de stockage important, dont il faut bien sûr vérifier le comportement et écarter tout risque de fuite à long terme. Par ailleurs, les rejets industriels contiennent en général un mélange de gaz polluants et il revient encore très cher d'en extraire le gaz carbonique. Cette solution prometteuse nécessite encore des années d'études.

Il est également envisagé de stocker le gaz carbonique capturé dans les profondeurs océaniques soit en larguant de la glace carbonique depuis la surface, soit en la dispersant en profondeur, soit en l'injectant dans les fosses océaniques. Mais le risque d'impact environnemental et le fait que le stockage ne serait pas véritablement stable à long terme, n'en font pas une voie à retenir...

Changer de vie

Même en produisant notre énergie plus proprement, en optimisant son utilisation et en piégeant le gaz carbonique émis, nous devons diminuer notre consommation. Des efforts importants ayant déjà été faits dans le domaine des modes de production énergétique et de l'efficacité des processus industriels, la flexibilité principale reste liée à notre capacité à stabiliser les émissions dans les secteurs du transport et de la consommation des ménages qui ont fortement tendance à augmenter. Ce problème met donc en cause les modes de vie de chacun d'entre nous.

Pour arriver à stabiliser la concentration de gaz à effet de serre dans l'atmosphère, il faudrait en moyenne que chaque Français réussisse à diviser ses émissions par quatre. Cela nécessite un changement de mode de vie total. Pour s'en faire une idée, prenons l'exemple de la voiture. Les modèles actuels émettent entre 110 et 400 g de gaz carbonique par km. Un chiffre anodin, que l'on voit sur toutes les publicités. Pourtant, il est effrayant. Pour un véhicule moyen qui en rejetterait 250 g par km, il signifie que parcourir 10 000 km par an (bien moins que la moyenne, située autour de 15 000 km par véhicule) revient à cracher 2,5 tonnes de gaz carbonique, soit environ

700 kg de carbone, dans l'atmosphère ! Or, puisque stabiliser les émissions nécessite d'émettre moins de 3 GtC par an, nous ne devrions pas émettre plus de 500 kg par individu et par an. Si l'on veut participer à cette stabilisation, l'usage de la voiture doit devenir exceptionnel. Et les modèles très polluants, comme les 4×4, doivent être bannis. Ces modèles, très prisés par les Américains, rejettent environ 3 à 4 fois plus de gaz carbonique que les modèles propres (avec environ 400 g par km). De même pour l'avion. Selon Jean-Marc Jancovici, ingénieur conseil spécialiste de la question climatique, un vol long courrier, émet environ 60 g d'équivalent carbone par km et par passager, et un court courrier (dont les phases de décollage et d'attérissage restent plus consommatrices), environ 100 g d'équivalent carbone par km et par passager. Faites le calcul. Pour un aller-retour Paris-Barcelone votre contribution polluante monte à 200 kg de carbone, pour un aller-retour Paris-New-York elle grimpe à 700 kg !

Le changement de mode de vie nécessité est colossal. Les voyages doivent devenir exceptionnels. D'une manière générale, toutes activités non essentielles qui consomment beaucoup d'énergie, et notamment certains loisirs (Formule 1, aviation, moto, etc.) devront être bannis. Les caddies devront être mis au régime sans carbone. Exit les produits exotiques qui ont pris l'avion, mangues, ananas, etc. Exit aussi les grosses quantités de viande bovine, l'élevage étant une source importante d'émission de méthane. Les emballages successifs, les sacs plastiques, les produits jetables, devront être supprimés. D'une manière générale, la chasse au gaspi doit se généraliser. Réparer plutôt que jeter, laver plutôt qu'utiliser les produits à usage unique, récupérer. Nous imaginons bien la réaction de notre pauvre lecteur, qui voit ici tous ses plaisirs mis à l'index. Réinventer les sources de plaisir, revenir à des loisirs plus simples, plus locaux, exige des efforts. Mais le jeu n'en vaut-il pas la chandelle ?

S'adapter

L'objectif de ce livre n'est pas de peser avantages et inconvénients, économiques, sociaux, politiques des différentes stratégies qui peuvent être mises en œuvre pour maîtriser, puis réduire, les émissions de gaz à effet de serre à l'échelle de la Planète. Nous redisons notre conviction que le problème doit être attaqué par tous les fronts possibles. Car les multiples moyens dont nous disposons, l'objectif de stabilisation des concentrations peut être atteint. Au sein du GIEC, un groupe d'experts a été tout spécialement chargé d'évaluer les méthodes de lutte contre l'effet de serre. Nous vous livrons leur diagnostic : « *Les résultats de la plupart des modèles indiquent que des solutions technologiques connues pourraient conduire à un grand nombre de niveaux de stabilisation du CO_2 atmosphérique, 550 ppm, 450 ppm ou moins au cours des 100 prochaines années ou davantage, mais leur mise en œuvre exigerait des transformations socio-économiques ou institutionnelles* ».

La lutte contre le réchauffement climatique peut donc être gagnée, sans pour autant revenir à un mode de vie pré-industriel. Mais, même si les modes de production et les modes de vie changent dans les années qui viennent et nous conduisent vers cette stabilisation tant espérée, nous devrons faire face à un changement climatique perturbant. Les premiers effets de nos efforts seront visibles assez rapidement sur les émissions, mais il faudra attendre quelques décennies pour que l'évolution climatique s'infléchisse doucement. Des scientifiques et des économistes planchent donc sur la meilleure manière d'aborder cette période difficile, et de limiter « la casse ». Le GIEC recense de nombreuses petites adaptations qui, si elles sont toutes appliquées, pourraient s'avérer efficaces. Il s'agit d'améliorer les systèmes d'alerte en cas de vague de chaleur, de reboiser, de construire des routes au fort pouvoir d'albédo pour renvoyer le rayonnement solaire vers l'espace, d'isoler les bâtiments, de contrôler les sols fragiles ou inondables, de construire des murs anti-inondation, d'améliorer les pratiques agricoles, etc.

Toutes ces mesures, si elles paraissent dérisoires au premier abord, pourraient notablement diminuer les effets du changement climatique. C'est ce que de nombreuses études ont montré dans le secteur agroalimentaire. Si le changement est bien géré, la production de nourriture pourrait continuer à croître dans de nombreuses régions du monde, comme l'ont montré plusieurs études. En Pologne, si le réchauffement conduit à une diminution des productions agricoles de 5 à 20 %, des mesures d'adaptation pourraient les augmenter de 5 %. De même, la réduction attendue de 25 % de la production indienne pourrait être adoucie à 15 %. En Afrique, le déficit passerait de 50 à 20 %. Globalement, les pertes du secteur agroalimentaire pourraient être largement améliorées par une gestion efficace du réchauffement, en choisissant de nouvelles espèces végétales, en améliorant l'utilisation de l'eau, etc. L'espoir est donc permis.

Avec une volonté marquée, les États et les citoyens pourraient donc minimiser les effets du réchauffement. Dans le même temps, si chacun s'astreint à l'économie énergétique, il est possible de stabiliser l'effet de serre. À l'échelle d'une vie humaine, nous avons les moyens de retourner la situation (pourtant mal engagé) en notre faveur. Nous avons toutes les cartes en main.

Conclusion

Voici donc brossé depuis 200 ans, un portrait de l'anthropocène. Cette période de l'histoire terrestre a été caractérisée par une forte influence des activités humaines sur la composition de l'atmosphère terrestre. Nous avons insisté sur les aspects scientifiques du changement climatique en inscrivant l'anthropocène dans une perspective plus large, celle de l'histoire climatique de notre planète, de l'échelle des temps géologiques à celle du dernier millénaire. Ce détour par l'histoire des climats passés, s'il est intéressant en soi et peut même susciter des passions, est aussi essentiel pour comprendre l'évolution actuelle et future du climat. Relation entre le climat et l'effet de serre, variations climatiques rapides, atmosphère du passé, image d'un changement majeur que nous donne le climat du Dernier Maximum Glaciaire, ont été largement évoqués... Nous aurions pu aussi vous raconter le rythme des sécheresses au cours des derniers milliers d'années, aller plus avant dans la description des caractéristiques régionales des climats passés, ou encore dans celle des mécanismes des grandes glaciations. Mais la conclusion aurait été la même : le climat de la Terre ainsi brossé apparaît d'une sensibilité extrême. De très faibles variations d'insolation (en moyenne globale), peuvent, par toute une série d'amplifications, nous faire effectuer des allers retours entre des climats aussi différents que celui d'une période glaciaire et celui d'aujourd'hui. Combien notre climat est fragile...

Cette fragilité est aujourd'hui mise à l'épreuve. Pour évaluer les dégâts causés par nos activités depuis la révolution industrielle, nous nous sommes largement appuyés sur les rapports du GIEC qui représentent un formidable effort de synthèse, dont le sérieux et la qualité sont unanimement reconnus. Nous vous avons fait partager les certitudes de la communauté scientifique, ses interrogations et ses incertitudes. Ces dernières sont nombreuses : quelle sera l'amplitude du changement climatique ? Comment s'exprimera-t-il localement ? Devrons-nous, de plus en plus souvent, affronter des extrêmes climatiques, des pluies diluviennes, des tempêtes dévastatrices, des sécheresses sans fin ? Les rythmes des épisodes El Niño ou celui de l'oscillation Nord-Atlantique, seront-ils modifiés ? Autant d'incertitudes qui justifient des programmes d'observation et de recherche de plus en plus soutenus. Certaines questions, telle celle relative au lien entre les activités humaines et le réchauffement récent, reçoivent des réponses de plus en plus précises. D'autres, comme le risque éventuel de surprises climatiques par exemple, restent entières. Mais ces doutes ne doivent pas faire oublier les certitudes : ce sont bien les activités humaines qui ont modifié la composition de l'atmosphère en gaz à effet de serre de manière terriblement efficace et rapide; le climat de la Planète s'est réchauffé au cours du XXe siècle; les concentrations en gaz carbonique vont augmenter au cours du XXIe siècle; l'effet de serre va s'accentuer et la température augmenter, nul mécanisme de compensation ne semblant en mesure de contrecarrer ce chauffage supplémentaire; l'accroissement prévisible de la végétation ne nous évitera pas une augmentation des concentrations en gaz carbonique; pour stabiliser l'effet de serre, il faut que les émissions de gaz carbonique redescendent en dessous de leur niveau actuel, diminuent des 2/3 d'ici la fin du siècle et soient, plus tard, réduites à presque rien : 200 kg par habitant ! En France, cette valeur a été dépassée dès le milieu du XIXe siècle. Elle est aujourd'hui affichée par des pays comme le Pakistan ou le Vietnam… Ces certitudes nous permettent d'affirmer qu'au chapitre du réchauffement climatique, nous nous situons bien au-delà du principe de précaution.

Alors pourquoi aucune décision tangible n'est-elle encore prise ? Le rôle du scientifique est d'alerter les décideurs lorsqu'un problème aux conséquences potentiellement dangereuses est identifié. Sur le dossier climat, la communauté scientifique a joué son rôle. En une dizaine d'années, les politiques ont pris conscience du danger jusqu'à affirmer comme l'a récemment fait Sir David King, conseiller scientifique de Tony Blair, que « *le changement climatique est le plus grave problème auquel nous sommes confrontés aujourd'hui – plus sérieux même que la menace terroriste* ». Avec la mise sur pied de la Convention Climat au sommet de la Terre de Rio en 1992, qui s'est concrétisée par la rédaction du Protocole de Kyoto, en 1997, la réaction des politiques a elle aussi été rapide, et il serait trop facile de leur jeter la pierre. Mais, depuis, on a l'impression de reculer... Et pourtant, le courant est passé entre scientifiques et politiques. Le sentiment d'urgence est partagé à l'échelle internationale, aux États-Unis comme en France. Il serait faux de dire que les scientifiques n'ont pas été écoutés. Non, la difficulté n'est pas là mais bien dans le formidable défi que pose la maîtrise des émissions des gaz à effet de serre. Mais si aucune mesure n'est prise, si l'on occulte le réchauffement au seul bénéfice d'un développement économique sans limites et sans entraves, nous mettons la Planète en danger. Certaines régions deviendront invivables d'ici la fin du siècle, et au-delà, la Planète entière ? Vénus, un peu plus proche du Soleil que la Terre, arbore une atmosphère composée essentiellement de gaz carbonique. Il y règne une température de 450 °C... Le cas de la Terre est différent, mais l'exemple vénusien matérialise la puissance de l'effet de serre. Il ne faut pas nier les capacités d'adaptation de nos civilisations, d'ailleurs très variables d'une région à l'autre, mais il ne faut pas non plus jouer avec le feu. Mettre en œuvre des mesures efficaces pour stabiliser l'effet de serre au niveau le plus proche possible de sa valeur actuelle nécessite cependant un effort dont personne ne mesure vraiment l'importance... Cette division par quatre que vise la France à l'horizon 2050 s'inscrit tout à fait dans la ligne que tracent les spécialistes du climat. Mais elle requiert de véritables bouleversements dans nos comportements individuels et collectifs.

Nous ne pensons pas qu'il y ait de solution miracle. A priori, il faut « faire feu de tout bois » et s'appuyer sur les différences possibilités que nous avons mentionnées. Par ailleurs, même s'il ne représente qu'une toute première étape, nous sommes convaincus qu'il est important que le Protocole de Kyoto soit ratifié et mis en œuvre, comme prévu, à partir de 2008, avec l'espoir qu'il entraînera les pays en voie de développement. Les relations Nord-Sud et les problèmes d'équité sont au cœur du débat climatique. Ce n'est qu'en rassemblant nos efforts que la lutte contre le réchauffement climatique sera gagnée, ou qu'au moins ses effets seront limités.

Après les politiques, ce sont donc les citoyens qui doivent prendre conscience de la gravité de la situation. À nous d'initier le mouvement. Aujourd'hui, en tant que consommateur, nous pouvons influencer notre futur. Si le consommateur se dirige massivement vers des énergies et des technologies respectueuses de l'effet de serre, achète des produits qui répondent à une norme écologique, il dictera ses choix aux entreprises. Si cela devient une priorité pour les électeurs, alors les hommes politiques en feront leur cheval de bataille. Or aujourd'hui, beaucoup en sont restés aux affirmations qui prévalaient il y a 15 ans, et qui disaient que rien n'était sûr, que l'Homme n'avait peut être pas une si grande influence sur le climat. À travers ce livre, nous avons voulu justement faire passer les nouvelles certitudes des scientifiques, ainsi que leurs inquiétudes. Pour que tous, nous prenions notre avenir climatique, et à long terme, l'avenir de notre espèce, en main. Pour les générations futures.

Remerciements

Nous tenons à remercier toutes les personnes qui nous ont aidés à mener à bien cet ouvrage, par leurs informations, leur relecture, leurs conseils et leurs photographies : Olivier Cattani, Jean-Pierre Cazet, Jean-Louis Dufresne, Marie-Alice Foujols, Pierre Friedlingstein, Serge Planton, Valérie Masson-Delmotte, Gilles Ramstein, Laurent Turpin, Christian Vincent. Nous remercions également les centaines de chercheurs qui, patiemment, ont accumulé les données qui constituent le cœur de ce livre.

Bibliographie

Robert Barbault, Antoine Cornet, Jean Jouzel, Gérard Mégie, Ignacy Sachs et Jacques Weber, Johannesburg, Sommet du Développement Durable 2002 : Quels enjeux ? Quelle contribution des scientifiques ? Ministère des affaires étrangères, adpf, 2002, 206 pages.

André Berger, Le climat de la Terre : un passé pour quel avenir ? De Boeck Université, Bruxelles, 1992, 480 pages.

Raymond S. Bradley, Paleoclimatology, Reconstructing climates of the Quaternary, second edition, International Geophysics series Volume 64, Harcourt, Academic Press, 1999, 613 pages.

Comptes rendus de l'Académie des Sciences, Géoscience. Effet de serre, impacts et solutions, juin-juillet 2003, pages 497-658.

Marcel Deneux (sénateur), L'évaluation de l'ampleur des changements climatiques, de leurs causes et de leur impact prévisible sur la géographie de la France à l'horizon 2025, 2050 et 2100. Office Parlementaire d'Évaluation des Choix Scientifiques et Technologiques, 2002, 296 pages.

Jean-Claude Duplessy et Pierre Morel, Gros temps sur la Planète, Odile Jacob, 1990, 297 pages.

Jean-Claude Duplessy, Quand l'océan se fâche : histoire naturelle du climat, Odile Jacob, 1996, 277 pages.

Jean-Louis Fellous, Avis de tempête : la nouvelle donne climatique, Odile Jacob, 2002, 337 pages.

Roger Guesnerie, Kyoto et l'économie de l'effet de serre, Conseil d'Analyse Économique, La documentation française, 2003, 265 pages.

Sylvestre Huet, Quel climat pour demain, Calmann-Levy, 2000, 238 pages.

John Imbrie et Katherine Palmer Imbrie, Ice ages, solving the mystery, Harvard University Press, 1986, 224 pages.

Jean-Marc Jancovici, L'avenir climatique, Quel temps ferons-nous ? Le Seuil, 2002, 287 pages.

Sylvie Joussaume, Climat d'hier à demain, CNRS éditions/CEA, 2000, 143 pages.

Gérard Lambert, L'air de notre temps : le climat, les hommes et les molécules, Seuil, 1995, 238 pages.

Claude Lorius, Glaces de l'Antarctique : une mémoire, des passions, Odile Jacob, 1991, 301 pages.

Hervé le Treut et Jean-Marc Jancovici, L'effet de serre : allons-nous changer le climat ? Champs, Flammarion, 2004, 223 pages.

IPCC, Climate Change 2001, Third assessment report, Cambridge University Press, 2001 :

– Rapports complets disponibles en anglais seulement (Groupes 1, 2 et 3)

– Résumés techniques, Résumés pour décideurs et Rapport de synthèse (résumé et complet) disponibles en français et téléchargeables sur le site de l'IPCC : www.ipcc.ch. Ce document en français, paru en 2003, peut également être commandé auprès du secrétariat de l'IPCC, c/o Organisation météorologique Mondiale, 7 bis Avenue de la paix, Case Postale, 2300, 1211, Genève, Suisse.

Bernard Tissot, Halte au changement climatique ! Odile Jacob, 2003, 295 pages.

Sites internet

Agence de l'environnement et de la maîtrise de l'énergie : www.ademe.fr
CITEPA (centre interprofessionnel technique d'études de la pollution atmosphérique) : http://www.citepa.org/
CNRS, le dossier climat : http://www.cnrs.fr/dossiers/dosclim/
Université de Fribourg, opération glaciers :
http://www.unifr.ch/geoscience/geographie/glaciers/
IPCC : http://www.ipcc.ch
Institut Pierre-Simon Laplace : http://www.ipsl.jussieu.fr/
Jean-Marc Jancovici : http://www.manicore.com
Média-France : medias.obs-mip.fr
Météo France : http://www.meteo.fr/
Mission Interministérielle sur l'Effet de Serre (MIES) :
http://www.effet-de-serre.gouv.fr/
NASA : http://www.nasa.gov/home/
NOAA (National oceanic and atmospheric administration) :
http://www.noaa.org/
OMM : http://www.wmo.ch/index-fr.html
Planète Terre ENS, Lyon : http://www.Planet-Terre/
Réseau action climat France : www.rac-f.org
UNFCCC (United Nations framework on Climate Change) : http://unfccc.int/

Glossaire

– **Activité solaire** : quantité d'énergie émise par le Soleil. L'activité solaire varie selon des cycles de quelques minutes à plusieurs millions d'années, suivant le nombre de tâches solaires, son activité magnétique, l'émission de particules de haute énergie, son rayonnement, etc.

– **Aérosols** : particules solides ou liquides, de taille comprise en général entre 0,01 et 10 µm, et qui résident dans l'atmosphère pendant plusieurs heures minimum. Les aérosols peuvent être d'origine naturelle ou humaine. Ils influencent le climat de deux manières : d'une manière directe, en stoppant et en absorbant des radiations, et d'une manière indirecte, en facilitant la formation de nuages et en modifiant leurs propriétés optiques et leur durée de vie.

– **Albédo** : fraction du rayonnement solaire réfléchie par une surface ou un objet. L'albédo est souvent exprimé en pourcentage. Les surfaces enneigées affichent un fort albédo, les forêts ont un faible albédo. L'albédo de la Terre varie avec la couverture nuageuse, l'enneigement, les surfaces de glace, la surface des feuilles d'arbres, et la couverture des sols.

– **Amplitude journalière** : écart entre les températures maximale et minimale au cours d'une même journée.

– **Anthropocène** : période qui a commencé à la fin du XVIIIe siècle, à partir de laquelle les bulles d'air enfermées dans les glaces polaires montrent une augmentation des concentrations en gaz carbonique et en méthane.

– **Atmosphère** : enveloppe gazeuse enveloppant la Terre. L'atmosphère sèche est essentiellement composée d'azote (78 % en volume), et d'oxygène (21 % en volume). Plusieurs gaz y figurent à l'état de traces, de l'argon, de l'hélium, ainsi que des gaz à effet de serre comme le gaz carbonique (0,035 %) et l'ozone. L'atmosphère contient également de la vapeur d'eau en quantité inégalement répartie (environ 1 % en volume), des nuages et des aérosols.

– **Biocarburant :** carburant produit à partir de matière organique ou d'huiles combustibles produites par des plantes.

– **Biodiversité spécifique :** variété des différentes espèces d'êtres vivants.

– **Biodiversité génétique :** à l'intérieur d'une espèce, variété de différents gènes.

– **Biosphère :** partie du système terrestre comprenant tous les écosystèmes et les organismes vivants dans l'atmosphère, sur le sol (biosphère terrestre), ou sur les océans (biosphère marine), incluant la matière organique dérivée des organismes morts (litière, déchets océaniques, etc.).

– **Chlorofluorocarbures (CFC) :** gaz utilisés pour la réfrigération, la climatisation, l'emballage, comme solvants ou propulseurs dans les bombes à aérosols. Ces gaz à effet de serre ne sont pas détruits dans la basse atmosphère. Ils rejoignent donc la haute atmosphère où ils détruisent la couche d'ozone. Leur utilisation est sévèrement réglementée depuis 1987, année de la signature du protocole de Montréal. Ils sont peu à peu remplacés par d'autres composés, notamment les hydrochlorofluorocarbures et les hydrofluorocarbures, qui sont toujours des gaz à effet de serre, mais dont on pense qu'ils sont moins nocifs pour la couche d'ozone.

– **Circulation thermohaline :** circulation à grande échelle des eaux océaniques à travers tous les bassins océaniques du globe provoquée par des différences de température et de salinité.

– **Climat :** temps moyen qu'il fait dans une région donnée à partir de la description statistique de plusieurs paramètres caractéristiques : ensoleillement, précipitations, humidité, pression, température, vents. L'Organisation météorologique mondiale (OMM) recommande d'établir ces moyennes sur 30 ans.

– **Convention Climat :** la Convention-cadre des Nations Unies sur le changement climatique a été adoptée le 9 mai 1992 à New York et signée par plus de 150 pays et par la Communauté Européenne lors du Sommet Planète Terre qui s'est tenu à Rio de Janeiro, la même année.

– **Cryosphère :** composant du système climatique comprenant toute la neige, la glace, le pergélisol qui se trouve sur ou sous la surface de la terre ou des océans.

– **Cycle du carbone :** parcours du carbone sous diverses formes (gaz carbonique, matière organique, méthane, calcaire, charbon, etc.) dans l'atmosphère, la biosphère, l'hydrosphère et la lithosphère.

– **Dengue :** maladie virale transmise par les moustiques et caractérisée par des douleurs aux articulations et dans le dos.

– **Développement durable :** développement qui répond aux besoins du présent sans compromettre les capacités des générations futures à répondre à leurs propres besoins.

– **Dioxyde de carbone :** voir gaz carbonique.

– **Écosystème :** ensemble d'êtres vivants en interaction entre eux et avec leur environnement.

– **Effet de serre :** opacité de l'atmosphère aux rayonnements infrarouges émis par la surface de la terre Le rayonnement solaire (visible et ultraviolet) traverse l'atmosphère pour atteindre la surface de la Terre, où il est partiellement converti en rayonnement infrarouge. L'effet de serre emprisonne une grande partie de ce rayonnement sous l'atmosphère terrestre.

– **Énergies fossiles :** énergie provenant de la combustion de dépôts de matière carbonée fossilisée. Les combustibles fournissant de l'énergie fossile sont essentiellement le pétrole, le gaz naturel et le charbon.

– **Ère industrielle :** période qui a commencé avec la révolution industrielle et qui se poursuit aujourd'hui. La révolution industrielle fut une période de croissance rapide qui a commencé en Angleterre vers 1750 et s'est étendue à toute l'Europe puis aux États-Unis. L'invention de la machine à vapeur est une étape clé de cette révolution. L'ère industrielle se caractérise par une utilisation croissante d'énergie fossile et l'émission de quantité accrues de gaz carbonique.

– **Forçage radiatif :** changement, exprimé en watt par m^2 (W/m^2), dans la quantité d'énergie reçue par la tropopause due à la variation d'un paramètre influençant le système climatique. Le forçage peut être interne au système climatique (variation de l'insolation) ou externe à ce système (augmentation des rejets de gaz à effet de serre liés à l'action de l'homme).

– **Gaz à effet de serre :** gaz de l'atmosphère terrestre qui absorbent et émettent des rayonnements dans le domaine infrarouge, et responsables, à ce titre, de l'effet de serre. La vapeur d'eau, le gaz carbonique, l'oxyde nitreux, le méthane et l'ozone sont les principaux gaz à effet de serre de l'atmosphère primaire terrestre. Il y a également des gaz à effet de serre d'origine uniquement anthropique : halocarbones, des substances contenant du chlore ou du brome, etc.

– **Gaz carbonique :** composé gazeux naturel, de formule CO_2, produit lors de la respiration, mais également rejeté lors de la combustion des énergies fossiles et de la biomasse. Il constitue le principal gaz à effet de serre d'origine anthropique.

– **GIEC :** acronyme français pour Groupe intergouvernemental sur l'évolution du climat, équivalent d'IPCC en Anglais. Organisation créée en 1988 sous l'égide de l'ONU chargée de rassembler toutes les informations scientifiques disponibles sur l'évolution du climat et d'en tirer une synthèse pour informer les décideurs du monde entier.

– **Hydrosphère :** partie du système climatique qui comprend toutes les réserves d'eau liquide : les océans, les mers, les rivières, les lacs, l'eau souterraine.

– **Inertie :** délai qui s'écoule entre l'introduction d'un changement parmi les facteurs influençant le climat et la réponse du système climatique.

– **Infrarouge (rayonnement) :** rayonnement de longueur d'onde comprise entre 0,8 micron et 1 mm.

– **Inlandsis :** glacier gigantesque formé à partir des précipitations et qui recouvre les reliefs continentaux sous leur dôme. Les deux plus grands inlandsis de la planète coiffent le Groenland et le continent Antarctique.

– **IPCC :** *Intergovernmental Panel on Climate Change*, traduction anglo-saxonne du GIEC.

– **Méthane** : gaz hydrocarboné, de formule CH_4, produit par la décomposition anaérobique des déchets, par la digestion animale, par la production et la distribution de gaz naturel et d'essence, par la production de charbon, par la combustion incomplète de combustibles fossiles. Le méthane est un des 6 gaz à effet de serre visés par le protocole de Kyoto.

– **Mission Interministérielle sur l'Effet de Serre** (MIES) : Commission rattachée au premier ministre. Depuis 1998, elle prépare les positions que la France doit défendre au niveau international auprès des instances concernées, présente ses positions dans les réunions d'experts gouvernementaux, identifie des mesures propres à permettre à notre pays d'atteindre ses objectifs et sur le suivi de leur mise en œuvre.

– **Modèle climatique** : représentation numérique du système climatique basé sur des propriétés physiques, chimiques, biologiques de ses composants, sur leurs interactions et rendant compte de leurs propriétés connues.

– **OMM** : organisation météorologique mondiale, née en 1951. Sous l'égide de l'ONU, cette organisation internationale a pour but de faciliter la coopération pour la météorologie et l'hydrologie mondiale. Se dit WMO en Anglais, pour World Meteorological Organization.

– **Oxyde nitreux** : gaz à effet de serre, de formule N_2O, dont un tiers des émissions actuelles est dû aux activités humaines (engrais, industrie).

– **Ozone** : forme triatomique de l'oxygène (O_3) et composant gazeux de l'atmosphère. L'ozone se forme naturellement dans la haute atmosphère (troposphère) et aussi sous l'influence de gaz émis par les activités humaines. C'est un gaz à effet de serre.

– **Partie par million** : ou ppm : rapport qui permet d'exprimer de très petites quantités. Par exemple 1 ppm de gaz carbonique correspond à un volume de 1 cm^3 dans 1 m^3 d'air.

– **Pergélisol** : sol gelé en permanence là où la température reste sous la barre des 0 °C plusieurs années de suite.

– **Photosynthèse** : mécanisme libérateur d'oxygène grâce auquel les végétaux convertissent le gaz carbonique de l'air en matière organique.

– **Respiration :** processus par lequel les organismes vivants convertissent de la matière organique en gaz carbonique, rejetant de l'énergie et consommant de l'oxygène.

– **Rétroaction climatique :** mécanisme d'interaction entre plusieurs processus impliqués dans l'établissement du climat. La rétroaction intervient quand le résultat d'un processus initial provoque des changements dans un second processus qui de nouveau va influencer le premier. Une rétroaction positive intensifie le processus original, une rétroaction négative le réduit.

– **Stratosphère :** région la plus haute de l'atmosphère, au-dessus de la troposphère, qui s'étend d'environ 10 km d'altitude à 50 km.

– **Système climatique :** système complexe comprenant quatre composants majeurs : l'atmosphère, l'hydrosphère, la cryosphère, et la biosphère.

– **Troposphère :** partie la plus basse de l'atmosphère, qui s'étend de la surface de la Terre à une altitude de 9 km aux hautes latitudes et jusqu'à 16 km au-dessus des Tropiques.

– **Ultraviolets :** rayonnement solaire d'une longueur d'onde comprise entre 280 et 320 nanomètres. La plus grande partie des ultraviolets est absorbée par la couche d'ozone.

Photocomposition : **SCM**, Toulouse

046963-(II)-(2,5)-BOU 80°-SCM-ABS

STEDI, 1, boulevard Ney, 75018 Paris
Dépôt légal, Imprimeur, n° 8369
Dépôt légal : juillet 2004
Imprimé en France